Ingeborg Sauer

Rechnen mit System

Rechnen mit System

von

Ingeborg Sauer

4., aktualisierte Auflage

Dr. Felix Büchner · Handwerk und Technik – Hamburg

Bildquellenverzeichnis/Impressum

Bildquellenverzeichnis

Siemens Elektrogeräte AG, München, S. 100

ISBN 3.582.0**4829**.2

Verlag Handwerk und Technik G.m.b.H., Lademannbogen 135, 22339 Hamburg; Postfach 63 05 00, 22331 Hamburg – 2004
E-Mail: info@handwerk-technik.de – Internet: www.handwerk-technik.de

Gesamtherstellung: Druckhaus „Thomas Müntzer" GmbH, 99947 Bad Langensalza

Umgang mit dem Buch

Mithilfe des Werkes „Rechnen mit System" soll systematisch eingeübt werden:

- Umgang mit dem Taschenrechner
- Grundrechenarten
- Aufrunden und Abrunden
- Maße und Gewichte im Haushalt
- Bruchrechnung
- Zweisatz
- Dreisatz
- Umgang mit der Nährwerttabelle
- Währungsrechnung
- Prozentrechnung
- Rabatt und Skonto
- Verhältnisrechnung
- Zinsrechnung
- Lohnabrechnung
- Kosten-/Mengenberechnung bei Rezepten; Kostenvergleiche
- Energiekosten
- Einnahmen und Ausgaben im Haushalt

Neben den Piktogrammen, die die Überschriften verdeutlichen, sollen nachstehende Symbole die Übersicht erleichtern:

= **Themeneinstieg**

= **Beispiele**

= **Merke**

= **Hinweise**

= **Aufgaben**

Wir wünschen viel Erfolg und viel Vergnügen!

Inhaltsverzeichnis

Allgemeine Grundlagen 1

Umgang mit dem Taschenrechner 2

Grundrechnungsarten

Addieren (Zusammenzählen)
- Ganze Zahlen 4
- Dezimalzahlen 5

Subtrahieren (Abziehen) 6

Multiplizieren (Malnehmen)
- Ganze Zahlen/Dezimalzahlen 8
- mit 10 – 100 – 1 000 – 9

Dividieren (Teilen)
- Ganze Zahlen 11
- Dezimalzahlen 12
- durch 10 – 100 – 1 000 – 13

Aufrunden – Abrunden 15

Maße und Gewichte im Haushalt

Längenmaße 20

Flächenmaße 21
- Grundlagen 22
- Quadrat – Umfang 24
- Quadrat – Flächeninhalt 25
- Rechteck – Umfang 26
- Rechteck – Flächeninhalt 27
- Dreieck – Umfang 28
- Dreieck – Flächeninhalt 29
- Kreis – Umfang 30
- Kreis – Flächeninhalt 31

Volumen (Rauminhalt)
- Grundlagen 32
- Quadrat/Zylinder 33
- Hohlmaße – Umrechnung 34

Berechnung von Brutto – Netto – Tara 36

Zeitmaße 37

Bruchrechnung

Grundlagen 38

Erweitern/Kürzen 40

Addieren/Subtrahieren von gleichnamigen Brüchen 41

Multiplizieren/Dividieren 42

Dezimalzahlen/Dezimalbrüche 43

Zweisatz

Von **einem** Teil zu **mehreren** Teilen 44

Von **mehreren** Teilen zu **einem** Teil 45

Inhaltsverzeichnis

Dreisatz

Gerades Verhältnis ... 46
Ungerades Verhältnis ... 47

Nährstofftabelle

Tägliche Nährstoffzufuhr ... 50
Auszug aus der Nährwerttabelle ... 51
Berechnen des Nährstoffgehaltes von Speisen ... 55
Berechnen des Energiegehaltes von Speisen ... 56

Währungsrechnung

Grundlagen ... 58
Wechselkurse ... 60
Umrechnung ... 61

Prozentrechnung

Grundlagen ... 64
Berechnen des Prozentwertes ... 65
Rechenvorteile nutzen ... 67
Berechnen des Prozentsatzes ... 68
Berechnen des Grundwertes ... 70

Rabatt / Skonto ... 72

Verhältnisrechnung

Durchschnittswerte / Mischungswerte ... 74
Verteilungsrechnung ... 76

Zinsrechnung

Grundlagen ... 80
Jahreszinsen ... 81
Monatszinsen ... 82
Ratenkauf ... 84

Lohnabrechnung ... 86

Kosten-/Mengenberechnung bei Rezepten ... 91

Kostenvergleich: Kleinpackung – Großpackung ... 95

Energiekosten

Grundlagen ... 97
Strom ... 98
Gesamtanschlusswert ... 99
Wasser ... 102

Einnahmen und Ausgaben im Haushalt

Haushaltsplan ... 104
Haushaltsbuch ... 107

Sachwortverzeichnis ... 111

Ganze Zahl

Tausender
Hunderter
Zehner
Einer

z. B. 4 367,789

Dezimalzahl (Kommazahl)

Zehntel
Hundertstel
Tausendstel

z. B. 4 367,789

Tausender werden von den Hunderten durch einen Leerschritt getrennt (besserer Überblick).

Stellenwerttafel

Jede Stelle hat einen bestimmten Wert

T Tausender	H Hunderter	Z Zehner	E Einer	z Zehntel	h Hundertstel	t Tausendstel
4	3	6	7	7	9	8

Aufgaben

Schreibe in die Stellenwerttafel:

a) 269	b) 8 675	c) 7 465
d) 2,69	e) 8,675	f) 7,465
g) 26,9	h) 86,75	i) 74,65
j) 5 789	k) 78,907	l) 8 900
m) 84,800	n) 600,004	o) 4 359

Grundrechenarten

Addieren	=	Zusammenzählen
Subtrahieren	=	Abziehen
Multiplizieren	=	Malnehmen
Dividieren	=	Teilen

Rechenzeichen

>	=	größer
<	=	kleiner
≠	=	ungleich
≈	=	gerundet – nahezu gleich
≙	=	entspricht
=	=	ist gleich

Umgang mit dem Taschenrechner

Aufbau eines Taschenrechners

Beispiel:

Die Tasten haben folgende Funktionen:

ON	Ein (Solarrechner)	1 - 9	Zahlen
MC	Speicherinhalt löschen	%	Prozent
MR	Speicherinhalt abrufen	÷	Division
M–	Speicher – Subtrahieren	x	Multiplikation
M+	Speicher – Addieren	–	Subtraktion
C	Löschen aller vorherigen Eingaben	+	Addition
CE	Löschen der letzten Eingabe	=	Lösung
+/–	Vorzeichen ändern	.	Dezimalpunkt

Hinweise

- **Für richtige Ergebnisse ist die sorgfältige Eingabe notwendig!**
- **Um Fehler zu vermeiden, sollte das Ergebnis vorher geschätzt (überschlagen) werden!**
- **Für einfache Rechenanwendungen genügt ein Taschenrechner mit den Grundfunktionen (= Grundrechenarten)!**
- **Der Dezimalpunkt bei einem Rechner ist gleichzusetzen mit dem Komma beim schriftlichen Rechnen.**

Beispiele

Addieren (Zusammenzählen) – ohne Kommastellen

Beispiel: 12 + 16 = 28

Eingabe: C 1 2 + 1 6 = → 28

Addieren (Zusammenzählen) – mit Kommastellen

Beispiel: 12,02 + 34,3 = 46,32

Eingabe: C 1 2 . 0 2 + 3 4 . 3 = → 46.32

Beispiele

Subtrahieren (Abziehen) – ohne Kommastellen

Beispiel: 236 − 89 = 147

Eingabe: C 2 3 6 − 8 9 = 147

Subtrahieren (Abziehen) – mit Kommastellen

Beispiel: 235,388 − 67,69 = 167,698

Eingabe: C 2 3 5 . 3 8 8 − 6 7 . 6 9 = 167.698

Beispiele

Multiplizieren (Malnehmen) – von ganzen Zahlen

Beispiel: 14 · 7 = 98

Eingabe: C 1 4 x 7 = 98

Multiplizieren (Malnehmen) – von Dezimalzahlen (= Kommazahlen)

Beispiel: 27,8 · 3,78 = 105,084

Eingabe: C 2 7 . 8 x 3 . 7 8 = 105,084

Beispiele

Dividieren (Teilen) – von ganzen Zahlen

Beispiel: 1 847 : 62 = 29,7903

Eingabe: C 1 8 4 7 ÷ 6 2 = 29,7903

Dividieren (Teilen) – von Dezimalzahlen (= Kommazahlen)

Beispiel: 3 530,054 : 24,2 = 145,87

Eingabe: C 3 5 3 0 . 0 5 4 ÷ 2 4 . 2 = 145,87

Begriffe	Summand	und/plus	Summand	gleich	Summe
	12	+	16	=	28

Beispiel

Schriftlich

Aufgabe: 12 + 16 =

Rechnung:

```
  12
+ 16
----
  28
```

- Schreibe die Ziffern genau untereinander:
  - Einer unter Einer
  - Zehner unter Zehner
  - Hunderter unter Hunderter
  - Tausender unter Tausender usw.
- Addiere zuerst von unten nach oben, zur Kontrolle dann von oben nach unten

```
  238
   27
9 298
-----
9 563
```

↓ 1. ↑ 2.

- Zähle die Überträge der Einer zu den Zehnern, die Überträge der Zehner zu den Hundertern usw.

Beispiel: 238 + 27 + 9 298 =

```
            238
             27
          9 298
Überträge   1 2
-----------------
          9 563
```

Mit dem Taschenrechner

Aufgabe: 12 + 16 = 28

Eingabe: C 1 2 + 1 6 = 28

Aufgaben

1 a) 46 + 31 = b) 92 + 7 = c) 54 + 27 =

2 a) 86 + 37 = b) 66 + 66 = c) 84 + 56 =

3 a) 145 + 265 = b) 652 + 253 = c) 743 + 145 =

4 a) 456 + 789 = b) 928 + 701 = c) 823 + 234 =

5 a) 1 234 + 876 = b) 2 789 + 124 = c) 3 888 + 99 =

6 a) 2 658 + 8 787 = b) 2 456 + 7 948 = c) 6 844 + 3 844 =

7 a) 134 + 2 345 = b) 6 666 + 105 = c) 234 + 2 350 =

8 Familie Huber kauft einen Kühlschrank für 398,00 € und ein Dampfbügeleisen für 45,50 €. Wie viel müssen sie insgesamt bezahlen?

9 Ute bekommt pro Monat 45,00 € Taschengeld. Zum Geburtstag erhält sie 25,00 €. Wie viel hat sie im Monat ihres Geburtstag zur Verfügung?

10 Stefan kauft sich Jeans für 66,00 €. Das passende Hemd dazu kostet 39,00 €. Wie viel muss Stefan insgesamt bezahlen?

11 Eine Urlaubsreise kostet 1 350,00 €. Für Taschengeld und Sonstiges werden weitere 460,00 € benötigt. Wie teuer ist der Urlaub insgesamt?

Addieren (Zusammenzählen)
Dezimalzahlen

Begriffe	Summand	plus	Summand	plus	Summand	usw. gleich	Summe
	12,02	+	34,3	+	108,128	=	154,448

Beispiel

Schriftlich

Aufgabe: 12,02 + 34,3 + 108,128 =

Rechnung:
12,02
34,3
108,128

- Schreibe bei Dezimalzahlen Komma unter Komma

- Ergänze fehlende Zahlenstellen bei Kommazahlen mit null und addiere.

Rechnung:
12,020
34,300
108,128
Übertrag 1
154,448

Mit dem Taschenrechner

Aufgabe: 12,02 + 34,3 + 108,128 = 154,448

Eingabe: C 1 2 . 0 2 + 3 4 . 3 + 1 0 8 . 1 2 8 = 154.448

Aufgaben

1 329,2 + 12,278 + 3 678,23 + 24 567,04 + 36,28 =

2 27,244 + 2 830,3 + 9 685,25 + 789,98 + 2 789,458 =

3 489,26 + 18,2 + 28 967 + 2 689,123 + 67,30 + 4 876,44 =

4 60,37 + 8 002,01 + 666,66 + 234,5 + 1 796 + 3,789 + 14,5 =

5 668,12 + 550,50 + 603,79 + 96,98 + 99,999 + 23 456,2 =

6 967,74 + 3 498,5 + 10 888,456 + 97,28 + 877 + 6,789 =

7 1 000,24 + 9 898,2 + 262 626,26 + 38,222 + 444,444 =

8 20 888 + 96,96 + 99,9 + 148,80 + 29,298 + 27,27 + 96,96 =

9 Familie Beck kauft Nähmaterial ein: roten Faden für 0,40 €, weißen Faden für 1,80 €, 2 Reißverschlüsse für je 1,40 € und Stoffe für insgesamt 39,90 €.
Wie viel € müssen sie insgesamt bezahlen?

10 Ilona kauft für ihre Party ein: 1 Packung Chips für 1,20 €, Salzstangen für 2,70 €, Schokolade für 0,50 €, Erdnüsse für 2,50 €, Weintrauben für 4,10 €, Käse für 3,45 € und Getränke für 20,00 €.
Wie viel muss Ilona bezahlen?

11 Horst kauft sich neue Kleidung: 1 Jeans für 65,90 €, Socken für 3,10 €, 1 Jacke für 50,60 €, 2 Pullover für je 35,30 € und 1 Hemd für 44,50 €.
Wie viel € muss er insgesamt bezahlen?

Begriffe	Minuend	minus	Subtrahend	gleich	Differenz
	104	–	86	=	18
	235,388	–	67,69	=	167,698

Beispiele

Schriftlich

Aufgabe: 104 – 86 =

Rechnung:

```
         104
       –  86
Überträge 1 1
       -----
          18
```

Aufgabe: 235,388 – 67,69 =

Rechnung:

```
         235,388
       –  67,690
Überträge  1 1 1  1
       ---------
         167,698
```

- Schreibe Komma unter Komma.

- Zähle die Überträge der Einer zu den Zehnern, die Überträge der Zehner zu den Hundertern usw.
- Schreibe die Ziffern genau untereinander:
  - Einer unter Einer
  - Zehner unter Zehner
  - Hunderter unter Hunderter usw.
- Kontrolliere: Das Ergebnis der Subtraktion wird zum Subtrahenden gezählt.

Beispiel (Kontollrechnung):

```
  104 (Minuend)
– 86 (Subtrahend)
  ----
  18                 18 (Differenz)
                   + 86 (Subtrahend)
                   -----
                    104 (Minuend)
```

Mit dem Taschenrechner

Aufgabe: 104 – 86 = 18

Eingabe: [C] [1] [0] [4] [–] [8] [6] [=] 18

Merke

- **Bei mehreren abzuziehenden Zahlen (Subtrahenden) werden diese erst addiert (zusammengezählt), dann von der obersten Zahl (Minuend) subtrahiert (abgezogen).**

Beispiel:

2 387 – 386 – 92 – 220 =

```
  2 387                                2 387
–   386               386
–    92     plus       92
–   220     (+)       220     minus
-------              ----
                      698     (–)        698
                                       -----
                                       1 698
```

- **Fehlende Zahlenstellen bei Kommazahlen mit Nullen ergänzen und subtrahieren (abziehen).**

Beispiel:

```
  235,388
–  67,690
---------
  167,698
```

Aufgaben

1 a) 34 − 12 = b) 98 − 29 = c) 124 − 68 =

2 a) 268 − 189 = b) 298 − 199 = c) 427 − 98 =

3 a) 1 234 − 938 = b) 7 888 − 999 = c) 8 653 − 7 800 =

4 a) 2 835 − 2 420 = b) 9 248 − 9 100 = c) 10 348 − 9 000 =

5 2 767 − 24 − 168 − 458 − 868 − 7 − 299 − 102 − 29 =

6 39 898 − 100 − 55 − 998 − 10 222 − 7 878 − 394 − 2 456 =

7 98 764 − 828 − 9 000 − 20 209 − 666 − 98 − 239 − 4 890 =

8 9 892 − 8 − 106 − 895 − 323 − 98 − 2 012 − 1 658 − 224 =

9 Familie Fischer hat 51 130,00 € geerbt. Davon bekommt Tochter Susanne 2 965,00 €, Sohn Tobias 3 780,00 €, Sohn Hans 3 370,00 €. Für 14 590,00 € wird ein neues Auto gekauft. Wie viel Geld bleibt übrig?

10 Auf einem Girokonto sind 14 315,00 €. Abgebucht werden: 58,15 €, 229,00 €, 1 523,50 €, 6 216,00 €, 861,10 € und 2 556,45 €. Wie viel Geld ist danach noch auf dem Konto?

11 Herr Neubert bekommt seinen Sparvertrag mit 76 690,00 € ausbezahlt. Er kauft sich von dem Geld eine neue Einrichtung: Schlafzimmer 3 990,00 €, Wohnzimmer 6 480,00 €, Küche 13 220,00 €, Fernseher 1 330,00 € und einen Heimtrainer für 654,00 €. Wie viel Geld bleibt übrig?

12 Frau Sebald hat 6 135,00 € gespart. Sie kauft einen Kühlschrank für 578,00 €, 1 Auto für 3 480,00 €, neue Garderobe für 1 129,00 €, Vorräte für 150,50 € und CDs für 27,50 €. Wie viel Geld hat sie dann noch?

13 a) 568,71 − 492,83 = b) 999,99 − 777,7 = c) 347,39 − 68,5 =

14 a) 23 567,9 − 4 567,9 = b) 5 923,897 − 978,6 = c) 269,33 − 87,3 =

15 a) 468,234 − 300,6 = b) 5,23 − 4,0035 = c) 987,3 − 87,55 =

16 a) 5 887,20 − 911,02 = b) 9 879,12 − 9 700,222 = c) 0,895 − 0,763 =

17 Herr Neumeier geht mit genau 100,00 € zum Einkaufen. Er kauft Tomaten für 1,60 €, Kopfsalat für 0,60 €, Äpfel für 2,00 €, Mandarinen für 1,50 €, Brot für 1,70 €, Butter und Käse für 6,65 €. Wie viel Geld bleibt übrig?

18 Familie Steib hat eine gemeinsame Kasse. Darin sind 300,00 €. Frau Steib gibt davon 0,70 €, 3,80 €, 5,10 € und 12,50 € aus. Herr Steib gibt davon 44,50 € und 1,30 € aus. Wie viel Geld verbleibt in der Kasse?

19 Frau Hoppe hat 1 435,00 € zur Verfügung. Für Einkäufe verbraucht sie 11,50 €, 45,90 €, 101,50 €, 3,60 €, 130,50 € und 0,50 €. Wie hoch ist die Summe des Restgeldes?

Begriffe	Multiplikand (Faktor)	mal	Multiplikator (Faktor)	ist	Ergebnis (Produkt)
	143	·	57	=	8 151
	27,8	·	3,78	=	105,084

Beispiel

Schriftlich **Ganze Zahlen**

Aufgabe: 143 · 57 =

Rechnung:

```
              143 · 57
Überträge      21
Überträge      32
              --------
               715
              1001
              --------
              8 151
```

- Zahlen werden multipliziert, indem man die erste Zahl mit jeder Ziffer der zweiten Zahl multipliziert.
- Schreibe die größere Zahl (= mit mehr Ziffern) nach links (als erste Zahl).
- Beachte die Überträge.
- Tausender werden wegen der besseren Übersicht von den Hunderten durch einen Leerschritt (kleiner Abstand) getrennt – 8 151.

Mit dem Taschenrechner

Aufgabe: 143 · 57 = 8 151

Eingabe: [C] [1] [4] [3] [x] [5] [7] [=] Anzeige: 8'151

[x] bedeutet Multiplizieren – [.] bedeutet Komma **beim Taschenrechner**

Beispiel

Schriftlich **Dezimalzahlen** (= Kommazahlen)

Aufgabe: 27,8 · 3,78 =

Rechnung:

```
             27,8 · 3,78     ← 3 Kommastellen –
Überträge 2 2                  Rechnen, ohne
Überträge 5 5                  die Kommastellen
Überträge 6 6                  zu beachten.
             834
             1946
              2224
            -------
            105,084          ← 3 Kommastellen –
                               von rechts abzählen
                               und setzen.
```

- Multipliziere zuerst wie bei ganzen Zahlen.
- Zähle die Stellen hinter dem Komma in beiden Faktoren (Multiplikand und Multiplikator) zusammen.
- Setze das Komma im Ergebnis – von rechts beginnend (Summe der zusammengezählten Stellen).

Merke

- **Ganze Zahlen** werden mit 10 – 100 – 1 000 – ... multipliziert, indem man so viele Nullen anhängt, wie der Faktor (Multiplikator) 10 – 100 – 1 000 – ... Nullen hat.
- Nullen werden angehängt:

10 ← 1 Null
100 ← 2 Nullen
1 000 ← 3 Nullen

- Tausender werden von den Hunderten mit einem Punkt getrennt (besserer Überblick).

Beispiel:					
327	·	10	(← 1 Null)	= →	3 270
327	·	100	(← 2 Nullen)	= →	32 700
327	·	1 000	(← 3 Nullen)	= →	327 000

Merke

- **Dezimalzahlen** (Kommazahlen) werden mit 10 – 100 – 1 000 – ... multipliziert, indem man das Komma um so viele Stellen nach rechts verschiebt, wie der Faktor (Multiplikator) 10 – 100 – 1 000 ... Nullen hat.
- Komma wird nach rechts verschoben:

10 ← 1 Stelle
100 ← 2 Stellen
1 000 ← 3 Stellen

Beispiel:					
53,2756	·	10	=	532,756	(→ 1 Stelle nach rechts)
53,2756	·	100	=	5 327,560	(→ 2 Stellen nach rechts)
53,2756	·	1 000	=	53 275,600	(→ 3 Stellen nach rechts)

Hinweis

- Reichen die Zahlenstellen beim Verschieben des Kommas nicht aus, wird mit Nullen ergänzt.

Beispiel:				
532,34	·	10	=	5 323,4
532,34	·	100	=	53 234,0
532,34	·	1 000	=	532 340,0

Aufgaben

1 a) 78 · 24 = 78 · 18 = 98 · 25 =
b) 25 · 25 = 44 · 44 = 96 · 96 =
c) 88 · 888 = 94 · 949 = 780 · 6 943 =

2 Für einen Kuchen werden gebraucht:
500 g Mehl, 125 g Fett, 4 Eier, 125 g Zucker, 1 P. Vanillezucker, 1 P. Backpulver, 750 g Äpfel.
Welche Mengen werden für 3 Kuchen benötigt?

3 Bei einer Klassenfahrt wird je Tag mit 5,00 € Taschengeld gerechnet.
Wie viel Taschengeld wird für 5 Tage veranschlagt?

4 Übe schriftlich oder mit Taschenrechner:
12,3 · 7,9 = 293,8 · 73,2 = 47,976 · 27 =

5 Wir bestellen für die Schule 3 neue Nähmaschinen zu je 1 680,00 €.
Wie hoch ist der Rechnungsbetrag?

6 Du verdienst in der Stunde 6,50 €.
Wie viel verdienst du am Tag bei 8 Arbeitsstunden?

7 Für eine Tischdecke brauchst du 1,70 m Stoff zum Preis von 10,50 € je Meter und 1 Nähseide zu 1,50 €.
Wie teuer ist das Material für die Tischdecke?

8 Für den Schulausflug kostet die Fahrkarte 9,95 €, das Essen für einen Tag 6,70 € und eine Übernachtung 9,50 €.
Wie viel Geld brauchst du für 3 Tage?

9 Wir feiern ein Klassenfest. 26 Schüler zahlen jeweils 4,50 €. In der Klassenkasse sind noch 19,85 €. Welcher Gesamtbetrag steht zur Verfügung?

10 Wir kaufen für die Dekoration zur Weihnachtsfeier ein:

3 Packungen Servietten je	2,30 €
Zweige für	7,90 €
50 Teelichter, die 10-er Packung für	1,15 €
für 6 Tische Bänder; je Tisch 3,70 m, 1 m kostet	0,70 €
6 Weihnachtssterne je	2,10 €

Wie viel Geld wird für die Dekoration gebraucht?

11 Bei einer Einladung werden ausgeschenkt:

15 Gläser Sekt, je	0,1 *l*
20 Gläser Bier, je	0,4 *l*
28 Gläser Wein, je	0,25 *l*
34 Gläser Mineralwasser, je	0,2 *cl*

Welche Gesamtmenge wurde ausgeschenkt?

Begriffe

Dividend (Teilungszahl)	geteilt durch	Divisor (Teiler)	gleich	Quotient (Teil)
180	:	15	=	12
180	:	16	=	11,25

Beispiele

Schriftlich

Aufgabe: 180 : 15 =

Rechnung:

```
180 : 15 = 12
 15 ------┘ |   die nächste
 30         |   Ziffer wird
 30 --------┘   „heruntergeholt"
  0
```

- Schreibe Dividend und Divisor nebeneinander.
- Dividiere (teile) den Dividenden durch den Divisor.

Schriftlich

Aufgabe: 180 : 16

Rechnung:

```
180   16 = 11 , 25
 16
 20
 16
 40  <---- Komma setzen
 32        und mit 0
 80        ergänzen
 80
  0
```

- Geht die Division „nicht auf" (bleibt ein Rest), wird ein Komma gesetzt, der Rest mit einer Null ergänzt und weiterdividiert, meist bis zwei Stellen nach dem Komma.
- Eine Kontrollmöglichkeit zur Division ist die Multiplikation:

z. B.	11,25	·	16	=	180
	Ergebnis	x	16	=	Dividend

Mit dem Taschenrechner

Aufgabe: 180 : 15 = 12

Eingabe: C 1 8 0 ÷ 1 5 = → 12

Mit dem Taschenrechner

Aufgabe: 180 : 16 = 11,25

Eingabe: C 1 8 0 ÷ 1 6 = → 11,25

Beispiel

Schriftlich Dividieren von Dezimalzahlen durch eine kleinere ganze Zahl

Aufgabe: 427,7 : 13 =

Rechnung: 427,7 : 13 = 32,9

```
427,7 : 13 = 32,9
39
 37
 26
 117   ← Komma setzen
 117
   0
```

- Beim Ergebnis Komma setzen, wenn das Komma der zu teilenden Zahl überschritten wird.

Mit dem Taschenrechner

Aufgabe: 427,7 : 13 = 32,9

Eingabe: C 4 2 7 · 7 ÷ 1 3 = 32.9

Beispiel

Schriftlich Dividieren durch eine Dezimalzahl

Aufgabe: 253,5 : 3,25

Rechnung: Dividend und Divisor × 100

```
25 350 : 325 = 78
2 275
  2 600
  2 600
      0
```

- Teiler (Divisor) darf nie eine Dezimalzahl sein, sondern immer eine ganze Zahl.
- Beide Zahlen (Dividend und Divisor) müssen deshalb mit 10 – 100 – 1 000 – usw. multipliziert werden, bis der Divisor eine ganze Zahl ist.
- Nun kann geteilt werden; die Kommastellen verlieren ihre Bedeutung und brauchen nicht mehr berücksichtigt zu werden.

Mit dem Taschenrechner

Aufgabe: 253,5 : 3,25 = 78

Eingabe: C 2 5 3 · 5 ÷ 3 · 2 5 = 78

Merke

- **Teiler (Divisor) ist größer als die zu teilende Zahl (Dividend): Ergebnis beginnt mit 0 (wird nach dem Komma mit Nullstellen gefüllt, bis die zu teilende Zahl teilbar wird):**

Beispiel:					
	9	:	18	=	0,5
	9	:	180	=	0,05
	9	:	1 800	=	0,005

- **Teiler (Divisor) ist größer als die zu teilende Dezimalzahl (Dividend):**

Beispiel:					
	17,28	:	27	=	0,64
	17,28	:	270	=	0,064

Dividieren durch:
10 – 100 – 1 000 – ...

Merke

- Die Anzahl der von rechts nach links zu verschiebenden Stellen richtet sich nach der Anzahl der Nullen:

10	–	eine Null	–	1 Stelle
100	–	zwei Nullen	–	2 Stellen
1 000	–	drei Nullen	–	3 Stellen usw.

- **Dividieren von ganzen Zahlen** durch 10 – 100 – 1 000 usw.
  Komma von rechts nach links:

  Beispiel:

6 387	:	10	=	638,7	
6 387	:	100	=	63,87	
6 387	:	1 000	=	6,387	
6 387	:	10 000	=	0,6387	(ist keine weitere Ziffer vorhanden, wird eine 0 vorangestellt)

- **Dividieren von Dezimalzahlen** durch 10 – 100 – 1 000 usw.
  Komma von rechts nach links:

  Beispiel:

4 638,7	:	10	=	463,87
4 638,7	:	100	=	46,387
4 638,7	:	1 000	=	4,6387

Aufgaben

1 Dividiere:

23,98	: 10	: 100	: 1 000
3 587,907	: 10	: 100	: 1 000
9 853,007	: 10	: 100	: 1 000

2 Dividiere:

8 723	: 10	: 100	: 1 000
6 590	: 10	: 100	: 1 000
97	: 10	: 100	: 1 000
28	: 10	: 100	: 1 000

Aufgaben

1 bis **4** Übe ohne Rechner mit Kontrolle:

1 a) 725 : 25 =	**2** a) 690 : 30 =	**3** a) 39 216 : 86 =	**4** a) 10 950 : 30 =
b) 1 296 : 36	b) 8 099 : 91	b) 20 808 : 204	b) 284 544 : 456
c) 5 535 : 45	c) 56 088 : 123	c) 359 784 : 456	c) 54 243 : 369
d) 37 926 : 147	d) 58 671 : 159	d) 86 814 : 546	d) 37 872 : 789
e) 9 594 : 369	e) 51 548 : 526	e) 13 104 : 168	e) 90 024 : 682
f) 188 964 : 362	f) 53 739 : 853	f) 76 220 : 412	f) 32 967 : 333

5 bis **8** Übe mit dem Taschenrechner:

5 a) 6 273 : 17 =	**6** a) 101 682 : 269 =	**7** a) 13 167 : 19 =	**8** a) 15 387 : 69 =
b) 46 104 : 452	b) 167 156 : 638	b) 133 533 : 333	b) 552 278 : 922
c) 141 384 : 258	c) 27 436 : 38	c) 309 312 : 432	c) 75 042 : 198
d) 38 472 : 56	d) 709 929 : 1 111	d) 199 810 : 265	d) 196 400 : 982
e) 29 085 : 35	e) 173 140 : 787	e) 6 048 : 63	e) 99 099 : 99
f) 36 225 : 115	f) 222 626 : 314	f) 92 597 : 103	f) 273 300 : 911

9 Ein Kuchen kostet 8,40 €.
Wie viel kostet ein Stück, wenn der Kuchen in:
a) 6 Stücke
b) 8 Stücke
c) 9 Stücke
d) 12 Stücke
e) 14 Stücke
f) 16 Stücke
geteilt wird?

10 Für die Geburtstagsfeier mit 8 Personen hast du 62,40 € zur Verfügung.
Wie viel kannst du für eine Person ausgeben?

11 Zur Einrichtung deiner Wohnung leihen dir deine Eltern 2 160,00 €. Du zahlst monatlich 90,00 € zurück. Wie lange musst du zahlen, bis deine Schulden abgezahlt sind?

12 Ihr macht zu fünft eine Fahrt und teilt euch das Benzingeld von 38,75 €.
Wie viel muss jeder bezahlen?

13 Für die Großküche wird geliefert:

12 Kopfsalat	10,92 €
15 kg Tomaten	18,90 €
$\frac{1}{2}$ kg Petersilie	10,99 €
5 kg Nüsse	16,10 €
1,5 kg Feldsalat	10,50 €
15 kg Zwiebeln	15,00 €

a) Ermittle den kg-Preis/Stückpreis der einzelnen Artikel.
b) Wie teuer ist die gesamte Lieferung?

Aufrunden – Abrunden

- Bei vielen Berechnungen stehen hinter dem Komma mehr Stellen, als gebraucht werden.
- Der Taschenrechner liefert uns oft Ergebnisse mit vielen Kommastellen.
- Durch das Runden verringert man auf eine für die Praxis sinnvolle Stellenzahl.
- Die letzte benötigte Zahl (Rundstelle) wird aufgerundet oder abgerundet.

Merke

Folgende Regeln sind zu beachten:

0	abrunden ↓	aufrunden ↑	5
1			6
2	bei Zahlen	bei Zahlen	7
3			8
4	unter 5	ab 5	9

- Abrunden bei: 0 – 1 – 2 – 3 – 4
(= wenn die nächste Ziffer
0 – 1 – 2 – 3 – 4 ist)

- Aufrunden bei: 5 – 6 – 7 – 8 – 9
(= wenn die nächste Ziffer
5 – 6 – 7 – 8 – 9 ist)

Beispiel:
18,3 ≈ 18
18,4 ≈ 18
18,5 ≈ 19
18,6 ≈ 19
18,7 ≈ 19

Hinweis

Besondere Regeln gelten für Maßzahlen:

- Die Endergebnisse werden in der Praxis auf die niedrigste handelsübliche Einheit gerundet, z. B.:
- 1 Stelle nach dem Komma steht bei Zentimeter (cm) (1 cm = 10 mm)

Beispiel: ↓ abrunden

18,342 cm ≈ 18,3 cm
18,362 cm ≈ 18,4 cm

↑ aufrunden

Aufrunden – Abrunden

Merke

2 Stellen nach dem Komma stehen bei:

- **1 Euro (€) = 100 Euro-ct**
- **Meter (m)**
  1 m = 100 cm

Beispiel: 18,342 € ≈ 18,34 € 18,342 m ≈ 18,34 m

18,368 € ≈ 18,37 € 18,368 m ≈ 18,37 m

Merke

2 Stellen nach dem Komma stehen auch bei:

- **Quadratmeter (m^2)**
  1 m^2 = 100 dm^2
- **Quadratzentimeter (cm^2)**
  1 cm^2 = 100 mm^2

Beispiel: 18,342 m^2 ≈ 18,34 m^2

18,368 cm^2 ≈ 18,37 cm^2

Merke

3 Stellen nach dem Komma stehen bei:

- **Kilometer (km)**
  1 km = 1 000 m

  Beispiel: 18,3424 km ≈ 18,342 km
  18,3429 km ≈ 18,343 km

- **Liter (*l*)**
  1 *l* = 1 000 *ml*

  Beispiel: 18,3424 *l* ≈ 18,342 *l*
  18,3429 *l* ≈ 18,343 *l*

- **Kilogramm (kg)**
  1 kg = 1 000 g

  Beispiel: 18,3424 kg ≈ 18,342 kg
  18,3429 kg ≈ 18,343 kg

Hinweise

3 Stellen nach dem Komma stehen auch bei:

- **Kubikmeter (m^3)**
  1 m^3 = 1 000 dm^3 Beispiel: 18,3424 m^3 ≈ 18,342 m^3
- **Kilojoule (kJ)**
  1 kJ = 1 000 J Beispiel: 18,3424 kJ ≈ 18,342 kJ
- **Kilokalorie (kcal)**
  1 kcal = 1 000 cal Beispiel: 18,3424 kcal ≈ 18,342 kcal
- **Kilowatt (kW)**
  1 kW = 1 000 W Beispiel: 18,3424 kW ≈ 18,342 kW

Aufgaben

Runde auf die richtige Stelle nach dem Komma:

1	99,768 cm	77,6477 cm	77,33 cm
2	83,555 cm	759,9857 cm	9 775,7464 cm
3	8,777 €	5 764,8945 m	5 646,967 €
4	45,967 m	89,5889 m	234,765 €
5	76,978 cm^2	7 694,875 m^2	5,766 m^2
6	15,77 cm	764,977 cm	0,778 cm
7	7,895 m	76,9587 m^2	12,867 €
8	897,769 €	66,9654 €	378,242 m^2
9	957,784 cm	666,7373 cm^2	34,4343 m^2
10	9,437 €	28,3683 €	720,944 €
11	28,1244 kg	730,0009 kg	270,1181 kg
12	37,488 m	340,0487 m	6,2349 m
13	33,1137 kJ	239,0093 kJ	12,8079 kcal

Merke

Bei fachgebundenen Einheiten gelten besondere Grundsätze:

- Wie viel benötigt man? → aufrunden
  Materialbedarf immer aufrunden, denn man benötigt immer ein Ganzes, auch wenn es nicht aufgebraucht wird.

- Wie viel erhält man? → abrunden
  Produktionsergebnisse immer abrunden, denn man kann nicht „Reste" verkaufen.

Wie viel benötigt man? → aufrunden
(Materialbedarf)

Wieviel erhält man? → abrunden
(Produktionsergebnis)

Hinweis

- Stückzahlen bei Brot, Brötchen usw. werden in Bäckereien und Konditoreien immer abgerundet.

Beispiel

Ein Behälter enthält 3 *l* Apfelsaft.

a) Wie viel Flaschen zu je 0,7 *l* braucht man zum Abfüllen?

b) Wie viel Flaschen können verkauft werden?

Lösung: 3 *l* : 0,7 *l* = 4,285 (30 *l* : 7 *l* = 4,285 *l*)

a) Zum Abfüllen werden 5 Flaschen benötigt

b) Verkauft werden können 4 Flaschen.

Aufgaben

1 Ein Fass Beerensaft enthält 15,7 *l*.
Zum Abfüllen werden Flaschen mit 0,75 *l* verwendet.

a) Wie viel Flaschen werden benötigt?

b) Wie viel Flaschen können ausgegeben werden?

Aufgaben

2 Haselnüsse werden abgefüllt. 5 kg sind im Karton.
a) Wie viel Tüten zu 275 g können verkauft werden?
b) Wie viel Rest bleibt?

3 Es wurden 2,700 kg Marmelade gekocht.
a) Wie viel Gläser mit einem Fassungsvermögen von 250 g müssen vorbereitet werden?
b) Wie viel Gläser können gefüllt und bevorratet werden?

4 Für 1 Portion Hühnersalat werden 35 g Fleisch gerechnet. Es sind 25 Portionen vorzubereiten. Es wird tiefgekühltes Hühnerfleisch in Packungen zu 250 g verwendet.
a) Wie viel Packungen werden benötigt?
b) Wie viel Fleisch (in g) bleiben übrig?

5 Berechne, wie viel Einheiten benötigt werden:

Stück Zitronen:	3,4 – 6,8	Stück Eier:	3,4 – 5,8 – 2,9
Flaschen Saft:	2,2 – 3,7	Flaschen Milch:	4,5 – 8,9

6 Für ein Kuchenrezept werden 5 Eier benötigt. Wie viel Eier müssen für das halbe Rezept eingekauft werden?

7 Eine Teppichfliese ist 30 cm mal 30 cm groß. Die auszulegende Fläche ist 20 000 cm^2. Wie viel Teppichfliesen werden benötigt?

8 Eine Dose Farbe reicht für 2 m^2. Wie viel Dosen werden für 7,25 m^2 benötigt?

9 In einer Tüte sind 3,5 kg Volldünger. Diese Menge reicht für 85 m^2 Gemüseland. Wie viel Tüten Dünger müssen gekauft werden für:
a) 100 m^2 b) 300 m^2 c) 500 m^2

10 In einem Rezept stehen folgende Mengenangaben für Mehl, Zucker und Fett:
a) 1 200 g Mehl, 250 g Zucker, 225 g Fett
b) 1 500 g Mehl, 600 g Zucker, 220 g Fett
c) 2 500 g Mehl, 1 250 g Zucker, 650 g Fett
Mehl ist in der 1-kg-Tüte, Zucker in der 500-g-Tüte, Fett im 250-g-Würfel.
Welche Menge jeder Packung muss bereitgestellt werden?

11 Für 1 Tasse Kaffee nimmt man 7 g Kaffeemehl.
Wie viel Tassen können aus der Packung mit 500 g hergestellt werden?

12 Für einen Gast rechnen wir mindestens 60 cm Platz an der Festtafel.
Wie viel Gäste bringen wir an der Tafel mit 200 cm Länge an beiden Seiten unter?

- In der Bundesrepublik Deutschland gilt das internationale Einheitssystem SI (= Système Internationale d'Unités).
- Es sind deshalb die meisten Einheiten international genormt.
- Grundlage bilden die SI-Einheiten und abgeleitete Teileinheiten.

Begriffe	Basisgrößen	SI-Einheiten	Teileinheiten
	Länge	Meter (m)	Dezimeter (dm) Zentimeter (cm) Millimeter (mm)
	Fläche	Quadratmeter (m^2)	Quadratdezimeter (dm^2) Quadratzentimeter (cm^2) Quadratmillimeter (mm^2)
	Volumen	Kubikmeter (m^3)	Kubikdezimeter (dm^3) Kubikzentimeter (cm^3) Kubikmillimeter (mm^3)
	Masse (Gewicht)	Kilogramm (kg)	Tonne (t) Gramm (g)
	Zeit	Stunde (h)	Minute (min) Sekunde (s)

Merke

- Die grundlegende Einheit für das Längenmaß ist Meter (m).
- Die Länge hat nur eine Ausdehnung.
- Die Umrechnungszahl ist 10, somit hat die Umwandlungszahl 1 Null (1 Kommastelle).
  - Umwandlung in die kleinere Einheit → mal 10
  - Umwandlung in die größere Einheit → geteilt durch 10
- Ausnahme: 1 km = 1 000 m. Umrechnungszahl ist hier 1 000 (3 Kommastellen)!

Kilometer	Meter	Dezimeter	Zentimeter	Millimeter
1 km	= 1 000 m	= 10 000 dm	= 100 000 cm	= 1 000 000 mm
· 1 000		· 10	· 10	· 10

1 km	=	1 000 m	=	10 000 dm	=	100 000 cm	=	1 000 000 mm
		1 m	=	10 dm	=	100 cm	=	1 000 mm
				1 dm	=	10 cm	=	100 mm
						1 cm	=	10 mm

Beispiele

Wie viel m sind 328 dm?	→	328 dm : 10 = 32,8 m
Wie viel cm sind 328 dm?	→	328 dm · 10 = 3 280 cm

Rechnen von größerer in kleinere Einheit: Komma jeweils eine Stelle nach rechts (· 10)

→ m dm cm mm ←

Rechnen von kleinerer in größere Einheit: Komma jeweils 1 Stelle nach links (: 10)

Aufgaben

1 Wandle in die angegebene Maßeinheit um:

a) in m:

2 km	25 km	27 km	2,5 km	2,7 km
27 dm	380 dm	140 cm	1 720 cm	780 cm

b) in dm:

48 m	690 m	460 m	3 m	6,4 m
780 cm	60 cm	1 430 cm	30 cm	7 890 cm

c) in cm:

8 m	730 m	4,70 m	1,40 m	37 m
17 dm	1,70 dm	29 dm	780 dm	394 dm

d) in mm:

2,8 m	27 m	30 m	4,80 dm	49 dm
387 dm	48 cm	97,3 cm	47,4 dm	215 cm

2 Wandle Längenmaße in Dezimalzahlen (Kommazahlen) um:

1 Zentimeter ist der zehnte Teil eines Dezimeters

1 cm = $\frac{1}{10}$ dm = 0,1 dm

a)		b)	
440 dm =	m	2 890 dm =	m
534 dm =	m	42 dm =	m
48 mm =	cm	599 mm =	cm
487 m =	dm	487 m =	cm

3 Verwandle in cm und rechne zusammen:

a) 0,5 m + 0,75 m + 15 dm + 3,87 m + 8 dm =

b) 17 dm + 85,3 cm + 1,7 dm + 37 cm + 0,3 m =

Merke

- Die grundlegende Einheit für das Flächenmaß ist der Quadratmeter (m^2).
- Jede Fläche hat zwei Ausdehnungen: Länge und Breite

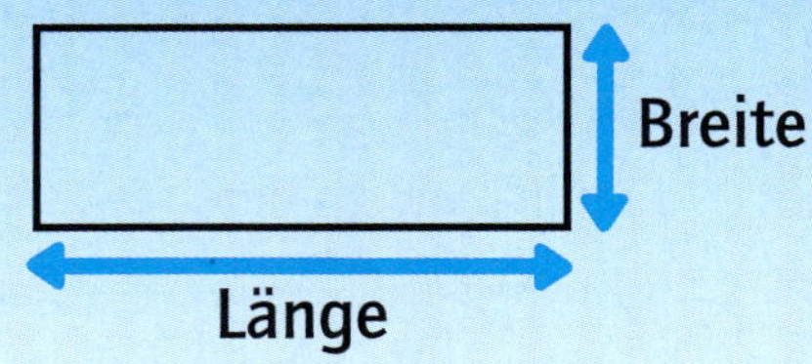

- Die Umrechnungszahl ist 100, somit hat die Umwandlungszahl 2 Nullen (2 Kommastellen).
- 100 kleinere Einheiten geben 1 größere Einheit.
  - Umwandlung in die kleinere Einheit → mal 100
  - Umwandlung in die größere Einheit → geteilt durch 100
- Ausnahme: $1\ km^2 = 1\ 000\ 000\ m^2$ – Umrechnungszahl ist hier 1 000 000 (6 Kommastellen).

Merke

Quadrat-kilometer	Quadrat-meter	Quadrat-dezimeter	Quadrat-zentimeter	Quadrat-millimeter
$0{,}000001\ km^2$	$1\ m^2$	$= 100\ dm^2$	$= 10\ 000\ cm^2$	$= 1\ 000\ 000\ mm^2$
└ · 1 000 000 ┘	└ · 100 ┘	└ · 100 ┘	└ · 100 ┘	

km^2	$= 100$ ha	$= 10\ 000$ a	$= 1\ 000\ 000\ m^2$	$= 1\ 000\ 000\ 000\ dm^2$	$= 10\ 000\ 000\ 000\ cm^2$
	1 ha	$= 10$ a	$= 10\ 000\ m^2$	$= 1\ 000\ 000\ dm^2$	$= 1\ 000\ 000\ 000\ cm^2$
		1 a	$= 100\ m^2$	$= 10\ 000\ dm^2$	$= 1\ 000\ 000\ cm^2$
		$1\ m^2$	$= 100\ dm^2$	$= 10\ 000\ cm^2$	$= 1\ 000\ 000\ mm^2$
			$1\ dm^2$	$= 100\ cm^2$	$= 10\ 000\ mm^2$
				$1\ cm^2$	$= 100\ mm^2$

Beispiele

Wie viel m^2 sind $328\ dm^2$? → $328\ dm^2 : 100 = 3{,}28\ m^2$

Wie viel cm^2 sind $328\ dm^2$? → $328\ dm^2 \cdot 100 = 32\ 800\ cm^2$

Rechnen von größerer in kleinere Einheit: Komma zwei Stellen nach rechts (· 100)

m^2 → dm^2 → cm^2 → mm^2

Rechnen von kleinerer in größere Einheit: Komma zwei Stellen nach links (: 100)

Aufgaben

1 Ergänze Tabelle – rechne um:

m^2	dm^2	cm^2	mm^2
1,0	100	10 000	1 000 000
0,00098	0,098	9,80	980
1,5			
0,5			
1,75			
2,785			
0,20			
2,0			

2 Ergänze die Tabelle – rechne um:

km^2	1	0,5	0,75	2,3	0,003
m^2					
cm^2					

3 Berechne:

a) 47 km + 87 dm − 27 cm = m

b) 3 855 mm^2 + 35 m^2 + 19,8 dm^2 − 324 cm^2 = dm^2

4 Berechne:

a) 97 km + 27 m + 520 m = km

b) 89 km^2 − 29 km^2 + 3,87 km^2 = km^2

5 Berechne:

a) 27 km^2 + 18 m^2 + 0,400 km^2 = m^2

b) 19 m^2 + 17 dm^2 + 20 000 cm^2 = m^2

- Ein Quadrat ist ein Viereck, bei dem alle vier Seiten gleich lang und alle Winkel gleich groß sind.
- Seitenlänge = a
- Umfang = U
- Flächeninhalt = A

Merke

Umfang:

$U = a + a + a + a$

- **Es wird die Länge der 4 Seiten addiert (zusammengezählt).**

$U = 4 \cdot a$

- **Es wird die Länge der Seiten mit 4 multipliziert.**

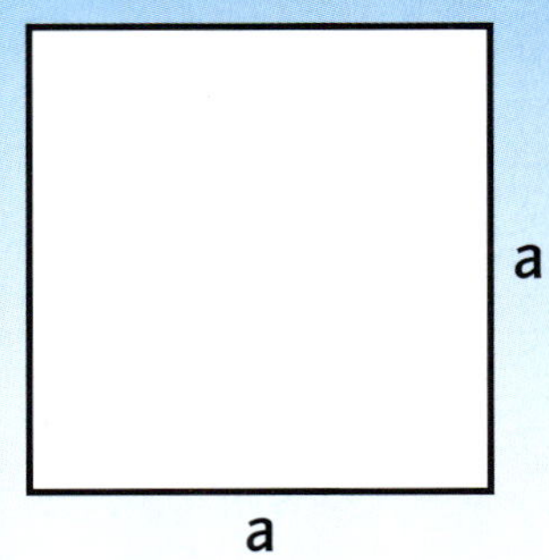

Beispiel

1 Seite	=	5 cm lang
a	=	5 cm
Umfang	=	5 cm + 5 cm + 5 cm + 5 cm = 20 cm
U	=	4 · 5 cm = 20 cm

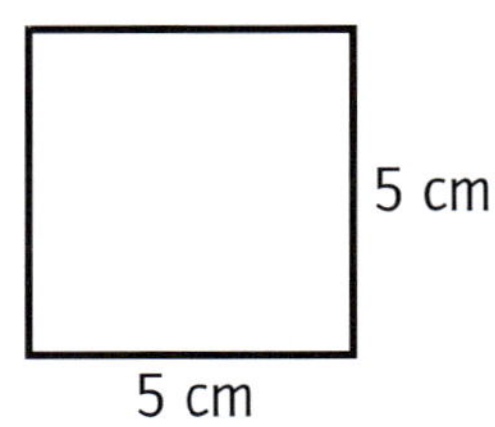

Aufgaben

1 Berechne den Umfang eines Quadrats, wenn eine Seite 7,8 m lang ist.

2 Berechne den Umfang für die Quadrate mit folgender Seitenlänge:
a) 0,5 m b) 0,75 m
c) 1,2 m d) 6,85 m

3 Wie viel m beträgt der Umfang eines Quadrats von 15,75 cm Seitenlänge?

4 Wie viel dm beträgt der Umfang eines Quadrats von 21,87 m Seitenlänge?

5 Für eine quadratische Tischdecke mit einer Seitenlänge von 1,80 m wird Randborte benötigt. Wie viel Borte braucht man?

6 Ein quadratisches Beet wird umzäunt. Eine Seite ist 87,4 m. Wie viel Zaun wird benötigt?

Merke

Fläche:

$A = a \cdot a = a^2$

- **Die Länge von zwei Seiten wird multipliziert.**

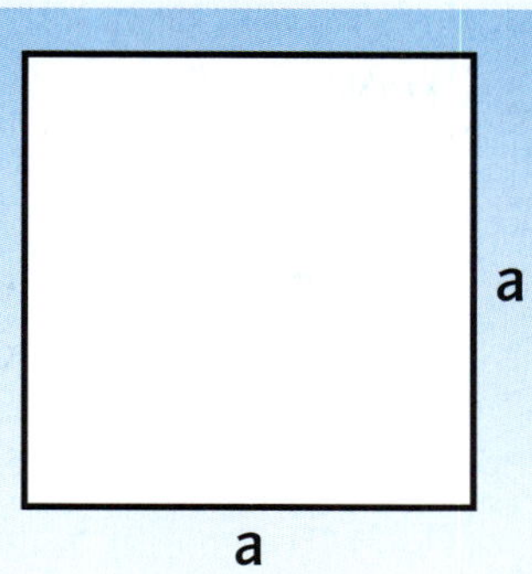

Beispiel

1 Seite	=	5 cm lang
a	=	5 cm
A	=	5 cm · 5 cm = 25 cm^2

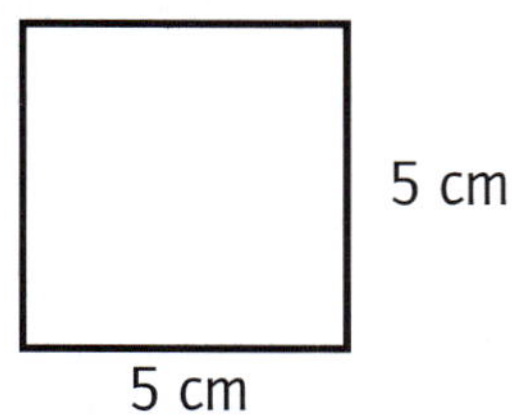

Aufgaben

1 Berechne die Fläche eines Quadrats mit einer Seitenlänge von 48,75 m.

2 Ein quadratisches Zimmer wird mit Teppichfliesen ausgelegt. Der Raum hat eine Seitenlänge von 3,20 m.

a) Wie groß ist die Fläche?

b) Eine Teppichfliese hat eine Seitenlänge von 30 cm. Wie groß ist die Fläche einer Fliese?

c) Wie viel Fliesen werden gebraucht?

3 Ein Garten hat die Form eines Quadrates mit einer Seitenlänge von 60 m. Wie viel Beete von 50 m^2 lassen sich daraus einteilen?

4 Zu einem Grundstück gehören 15 000 m^2 Wiese und ein Garten mit 45 m Länge und 45 m Breite. Wie viel m^2 ist das gesamte Grundstück?

5 Ein quadratischer Hof mit 35 m Länge und Breite wird mit Platten ausgelegt. 4 Platten ergeben ein Quadrat von 1 m^2.
Wie viele Platten werden benötigt?

- Ein Rechteck ist ein Viereck, mit zwei Längsseiten und zwei Breitseiten.
- Seitenlänge der Längsseite = a
- Seitenlänge der Breitseite = b
- Umfang = U
- Flächeninhalt = A

Merke

Umfang:

$U = a + b + a + b = 2 \cdot a + 2 \cdot b$

- Das Rechteck hat je zwei gleiche Seiten. Diese werden addiert.

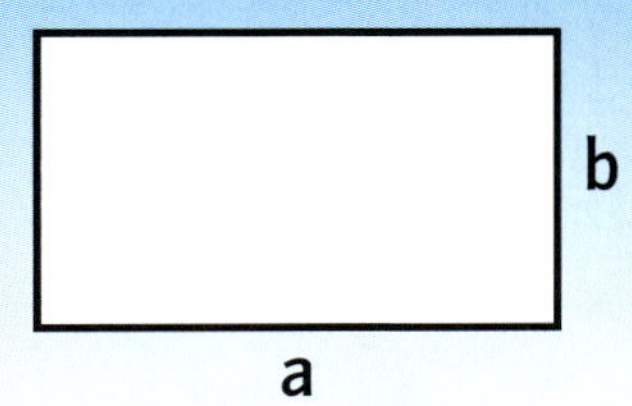

Beispiel

a	=	8 cm		
b	=	5 cm		
U	=	$2 \cdot 8$ cm	=	16 cm
	+	$2 \cdot 5$ cm	=	10 cm
U	=			26 cm

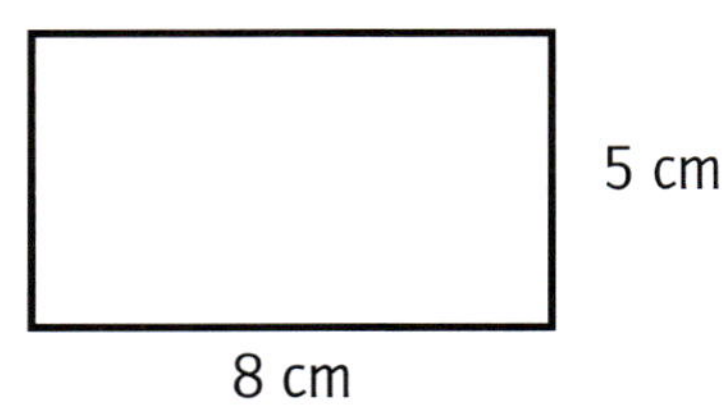

Aufgaben

1 Berechne den Umfang (= U) des Rechtecks:

a) a = 3 m, b = 2 m
b) a = 4,75 m, b = 2,50 m
c) a = 0,87 m, b = 0,25 m
d) a = 11,80 m, b = 9,25 m
e) a = 77,35 m, b = 127 cm
f) a = 320 km, b = 127 m

2 Ein Tisch ist 1,30 m lang und 90 cm breit. Er soll als Umrandung eine Leiste erhalten. Wie lang muss die Leiste sein?

3 Ein Grundstück hat eine Länge von 40 m und eine Breite von 18,75 m. Es soll mit einer Hecke umsäumt werden.
Wie viel m Hecke müssen gepflanzt werden? (Eingang bleibt unberücksichtigt.)

4 Ein Teppich wird eingefasst. Die Länge beträgt 12,38 m, die Breite 4,25 m.
Wie viel dm müssen eingefasst werden?

Merke

Fläche:

$A = a \cdot b$

- Es werden die beiden Seiten multipliziert

Beispiel

a = 8 cm

b = 5 cm

A = 8 cm · 5 cm = 40 cm^2

Aufgaben

1 a) Berechne die Fläche (= A) jeder Platte in m^2.

b) Für die Abdeckung des Randes will Susanne ein Deko-Band verwenden. Wie viel cm benötigt sie für jede Bildgröße?

2 Für ein Bücherregal sollen Bretter gekauft werden. Die Länge eines Brettes ist 1,25 m, die Breite 27 cm.

a) Welche Fläche hat 1 Brett?

b) Wie teuer sind 6 Bretter, wenn 1 m^2 18,40 € kostet?

c) Die sichtbaren Kanten sollen mit Klebeband verkleidet werden. Wie viel m müssen gekauft werden?

3 Eine Küche wird getüncht.
Länge = $3\frac{1}{2}$ m, Breite = 2,25 m, Höhe = 2,45 m.

a) Wie groß ist die Fläche, die gestrichen wird? (Türen und Fenster nicht berücksichtigen!)

b) Für 1 m^2 wird für 2,00 € Farbe verbraucht. Wie teuer ist die Farbe, die benötigt wird?

- Ein Dreieck hat eine Grundlinie = c
- zwei Seiten = a und b
- eine Höhe = h
- Umfang = U
- Fläche = A

Merke

Umfang:

U = a + b + c

- Es werden die drei Seiten addiert.

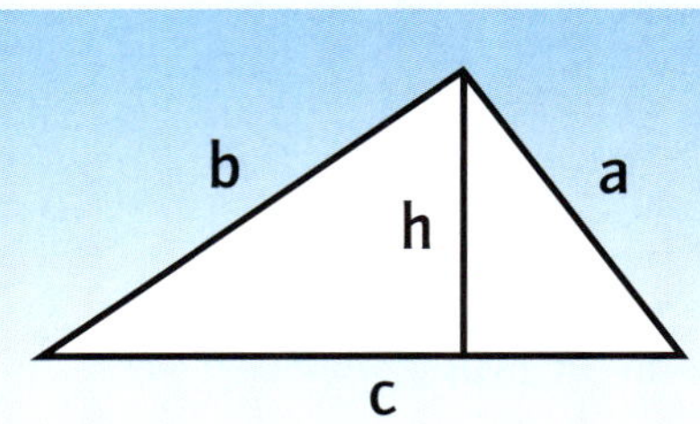

Beispiel

a	=	5 cm
b	=	3 cm
c	=	6 cm
Umfang	=	5 cm + 3cm + 6 cm = 14 cm
(h	=	2,5 cm)

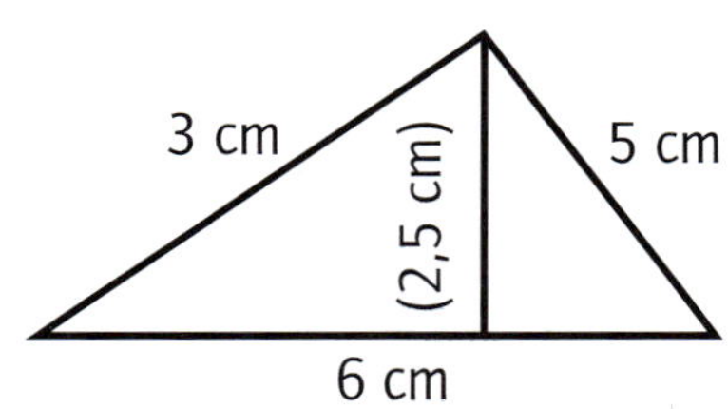

Aufgaben

1 Berechne den Umfang (= U) des Dreiecks:

a) a = 3,5 cm, b = 2,2 cm, c = 4 cm

b) a = 5,25 cm, b = 1,35 dm, c = 25 cm

c) a = 13,5 cm, b = 3,8 cm, c = 3,8 dm

2 Ein Beet hat eine Dreiecksform und soll umzäunt werden: a = 65 m, b = 45 m, c = 38 m.

a) Wie viel m beträgt der Zaunumfang?

b) Wie viel m Bretter benötigt man, wenn der Zaun 3 Bretter übereinander hat?

c) Wie teuer ist die Umzäunung, wenn 1 m Brett 1,90 € kostet?

Merke

Fläche:

$$A = \frac{c \cdot h}{2}$$

oder

$$A = \frac{c}{2} \cdot h$$

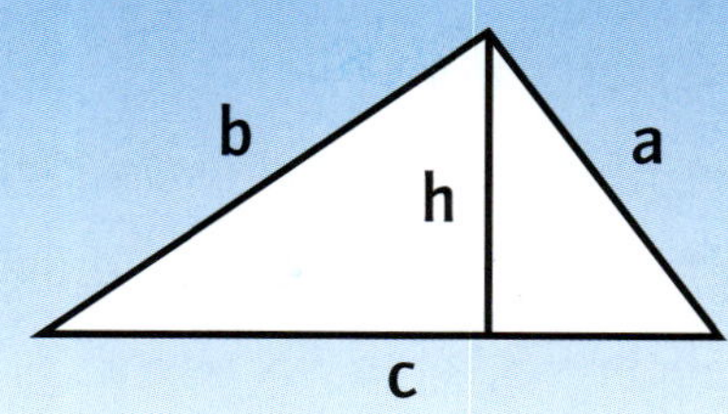

- **Bei der Berechnung der Fläche eines Dreiecks werden immer zwei bekannte Größen benötigt.**

Beispiel

$c = 6\ \text{cm}$

$h = 2{,}5\ \text{cm}$

$$A = \frac{6\ \text{cm} \cdot 2{,}5\ \text{cm}}{2} = 7{,}50\ \text{cm}^2$$

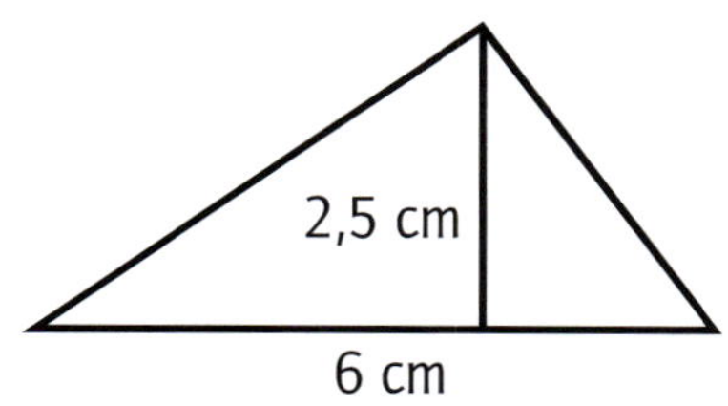

Aufgaben

1 Berechne die Fläche (= A) eines Dreiecks mit folgenden Maßen:
$c = 70$ cm, $h = 12$ cm

2 Berechne die Fläche eines Dreiecks mit folgenden Maßen:
$c = 6$ dm, $h = 15$ cm

3 Berechne jeweils die Fläche des Dreiecks:

a) $c = 37$ mm, $h = 21$ mm
b) $c = 45$ cm, $h = 14$ dm
c) $c = 37{,}2$ m, $h = 31{,}5$ mm
d) $c = 65{,}3$ cm, $h = 145{,}8$ mm

4 Dieser Giebel soll gestrichen werden. Wie viel m^2 sind zu streichen?

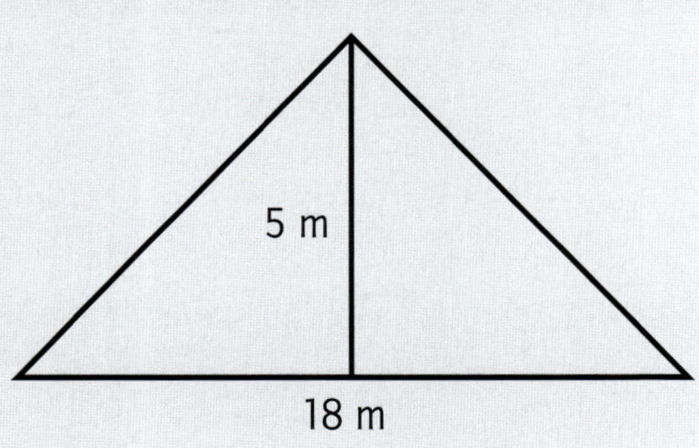

- Für Kreisberechnungen arbeiten wir mit:
- Durchmesser = d
- Radius = Halbmesser (halber Durchmesser) = r (oder $\frac{1}{2}$ d)
- π (gesprochen „Pi“) nennt man die Kreiszahl
- π entspricht ≈ 3,14

Merke

Umfang:

U = d · π (3,14)

U ≈ d · 3,14 (π)

oder

U = 2 r · π (3,14)

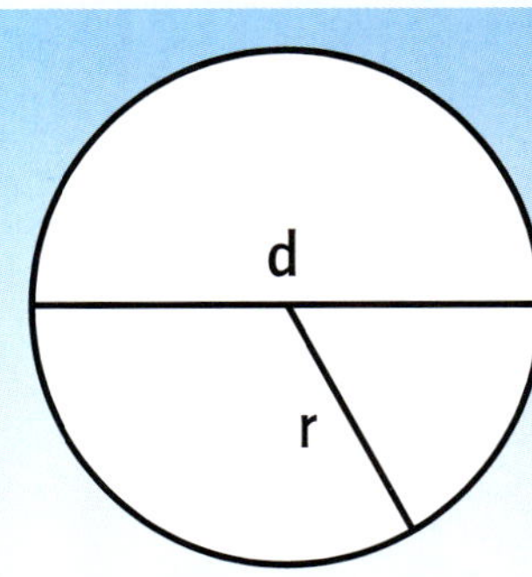

Beispiel

r	=	6 cm : 2	=	3 cm
d	=	6 cm		
U	=	6 cm · 3,14 (π)	≈	18,84 cm

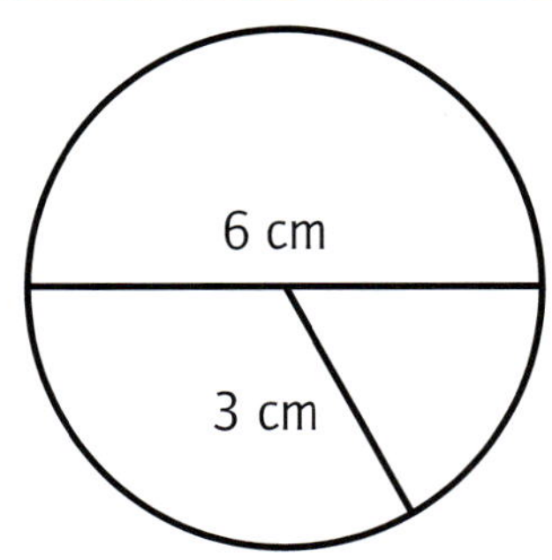

Aufgaben

1 Berechne den Umfang der Kreise:
a) r = 5,5 cm b) r = 8,3 dm c) r = 2,75 m

2 Berechne den Umfang eines Kreises mit einem Radius von 4,5 cm.

3 Der Durchmesser eines Adventskranzes soll 70 cm sein. Wie lang muss der Draht für den Reifen geschnitten werden?

4 Eine runde Tischdecke – Durchmesser 1,60 m – soll mit Band eingefasst werden.
Wie viel m Band wird benötigt?

5 Eine Pizza hat den Durchmesser von 30 cm.
Wie breit muss ein Stück (am äußersten Rand gemessen) geschnitten werden, wenn
a) 4 Stücke b) 6 Stücke c) 8 Stücke
geschnitten werden?

Merke

Fläche:

$A \approx r \cdot r \cdot \pi$

$A \approx r^2 \cdot 3{,}14\ (\pi)$

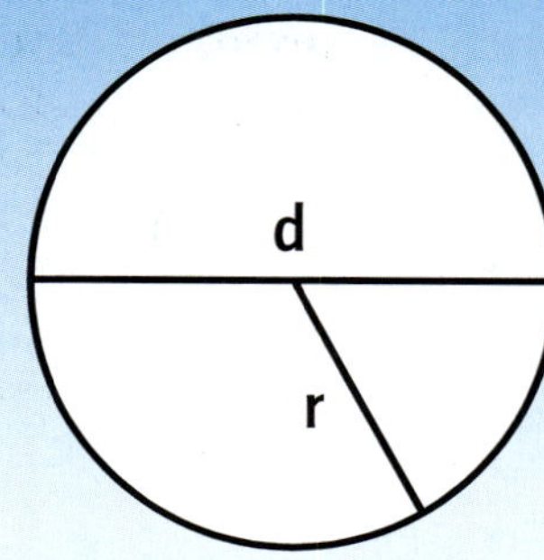

Beispiel

$r = 3\text{ cm}$

$A = 3\text{ cm} \cdot 3\text{ cm} = 9\text{ cm}^2$

$9\text{ cm}^2 \cdot 3{,}14\ (\pi) = 28{,}26\text{ cm}^2$

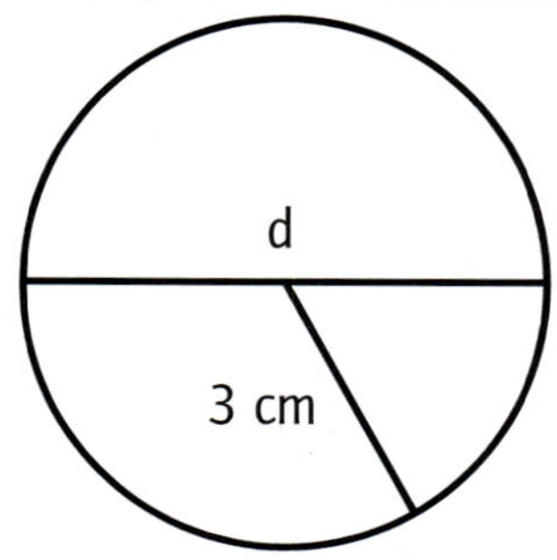

Aufgaben

1 Berechne die Fläche eines Kreises mit einem Radius von:
a) r = 4 cm b) r = 5,5 cm c) r = 8,3 cm d) r = 2,75 cm

2 Der Tisch hat einen Durchmesser von 1,20 m. Berechne die Fläche.

3 Für einen runden Tisch von 1,10 m Durchmesser soll eine runde Tischdecke genäht werden. Sie soll rundum 25 cm überhängen.
Um Saumverlust zu vermeiden, wird die Decke mit Schrägband eingefasst. Der Stoff liegt 1,60 m breit. 1 m kostet 11,65 €.
1 m Schrägstreifen kostet 0,30 €. Es werden nur volle Meter abgegeben. Zusätzlich wird 1 Rolle Nähgarn gebraucht. Diese kostet 1,25 €.
a) Wie groß ist die Fläche der Tischdecke?
b) Berechne die benötigte Stoffmenge.
c) Berechne den Stoffpreis.
d) Berechne die Menge der Schrägstreifen.
e) Berechne die Kosten der Tischdecke.

4 Ein Blumenbeet soll bepflanzt werden. Der Durchmesser beträgt 160 cm.
a) Berechne die Fläche eines Blumenbeetes in m^2.
b) Es sollen Blumen gepflanzt werden. Für 1 m^2 benötigt man 15 Pflanzen. Wie viel Pflanzen müssen gekauft werden?

Merke

- Die grundlegende Einheit für den Rauminhalt ist der Kubikmeter (m^3).
- Räume haben drei Ausdehnungen, Länge, Breite und Höhe.
- Die Umwandlungszahl ist 1 000, somit hat die Umwandlungszahl 3 Nullen (3 Kommastellen).
- 1 000 kleinere Einheiten geben 1 größere Einheit.
  - Umwandlung in die kleinere Einheit → mal 1 000
  - Umwandlung in die größere Einheit → geteilt durch 1 000

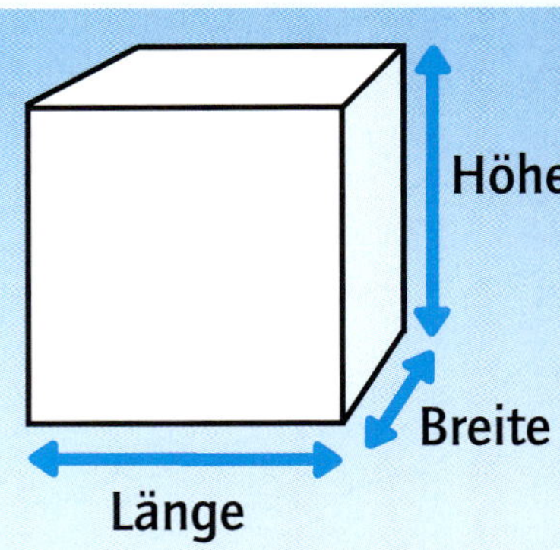

Merke

Kubikmeter		Kubikdezimeter		Kubikzentimeter		Kubikmilimeter
1 m^3	=	1 000 dm^3	=	1 000 000 cm^3	=	1 000 000 000 mm^3
· 1 000		· 1 000		· 1 000		

1 m^3	=	1 000 dm^3	=	1 000 000 cm^3	=	1 000 000 000 mm^3
		1 dm^3	=	1 000 cm^3	=	1 000 000 mm^3
				1 cm^3	=	1 000 mm^3

Beispiele

Wie viel m^3 sind 328 dm^3? → 328 dm^3 : 1 000 = 0,328 m^3

Wie viel cm^3 sind 328 dm^3? → 328 dm^3 · 1 000 = 328 000 cm^3

Rechnen von größerer in kleinere Einheit: Komma drei Stellen nach rechts (· 1 000)

→ m^3 dm^3 cm^3 mm^3 ←

Rechnen von kleinerer in größere Einheit: Komma drei Stellen nach links (: 1 000)

Aufgaben

1 Rechne um in: m^3

a) 726 dm^3 b) 8 241 dm^3 c) 78 738 cm^3
d) 312 008 cm^3 e) 29 dm^3 f) 726 012 cm^3

2 Rechne um in: cm^3

a) 82 711,938 mm^3 b) 923,840 dm^3 c) 1 283,416 dm^3
d) 12,238 m^3 e) 23 mm^3 f) 2,0 m^3

- Der Rauminhalt eines viereckigen Körpers (Quader) hat drei Ausdehnungen: Länge, Breite, Höhe
- Länge = Seite a } Fläche (a · b)
- Breite = Seite b } Fläche (a · b)
- Höhe = h

- Der Rauminhalt eines zylindrischen Körpers (Zylinder) errechnet sich aus der Kreisfläche und der Höhe.
- Kreisfläche = $r^2 \cdot \pi\ (3{,}14)$
  $r = \frac{1}{2}\, d$ (Durchmesser = d)
- Höhe = h

Merke

Rauminhalt = V (Volumen):

$V = a \cdot b \cdot h$

- Es werden die drei Ausdehnungen multipliziert.
- Achte auf gleiche Maßbezeichnungen.

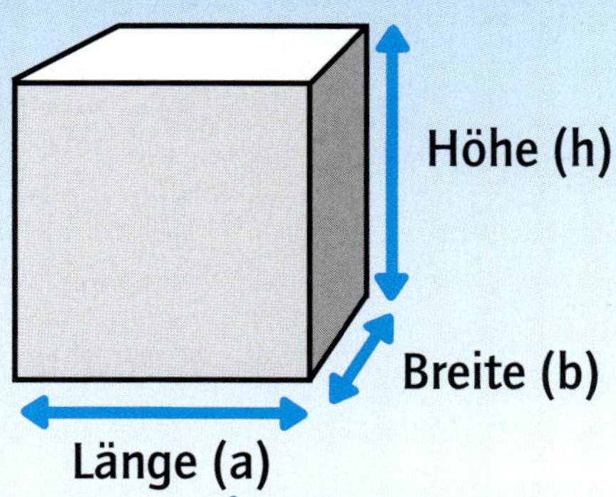

Merke

Rauminhalt = V (Volumen)

$V = r^2 \cdot \pi\ (3{,}14) \cdot h$

- Die Kreisfläche wird mit der Höhe multipliziert.
- Achte auf gleiche Maßbezeichnungen.

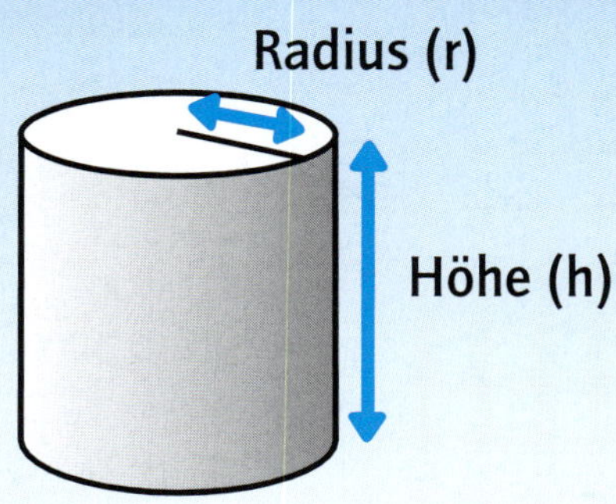

Beispiel

a = 4 cm
b = 3 cm
h = 5 cm
V = 4 cm · 3 cm · 5 cm = 60 cm^3

Beispiel

r = 2 cm
h = 5 cm
V = 2 cm · 2 cm (r^2) · 3,14 (π) · 5 cm
= 62,8 cm^3

Aufgaben

1 Ein Heizöltank hat folgende Maße: Länge 2,55 m Breite 1,95 m Höhe 1,75 m. Wie groß ist der Rauminhalt?

2 Ein Spülbecken hat eine quadratische Grundfläche. Die Seitenlänge ist 35 cm, die Höhe 29 cm. Wie viel beträgt der Rauminhalt?

3 Ein Sandkasten ist rechteckig. Seite a ist 1,50 m, Seite b ist 95 cm lang. Der Sandkasten soll 35 cm hoch mit Sand gefüllt werden. Wie viel m^3 Sand werden gebraucht?

4 Berechne den Rauminhalt:
a) Länge 5 cm, Breite 2,5 cm, Höhe 8,75 cm b) Länge 4,95 cm, Breite 1,99 cm, Höhe 8,25 cm

- Alle Stoffe haben ein Gewicht.
- Jeder Stoff hat ein anderes Gewicht.
- Das Gewicht (spezifisches Gewicht) von 1 cm^3 Wasser (bei einer Temperatur von + 4 °C) ≙ 1 g.
- Das Gewicht von Wasser dient als Rechnungsgrundlage.

Merke

- Grundlegendes Hohlmaß ist der Liter.
- 1 Liter (*l*) = 1 dm^3 = 1 000 cm^3.
- Maßeinheiten sind:
  - Kubikmeter = m^3
  - Hektoliter = *hl*
  - Liter = *l*
  - Zentiliter = *cl*
  - Milliliter = *ml*

10 *hl*	=	1 000 *l*	≙	1 m^3	≙	1 000 000 cm^3						
1 *hl*	=	100 *l*			≙	100 000 cm^3						
				10 *l*	≙	10 000 cm^3						
				1 *l*	**≙**	**1 000 cm^3**	**≙**	**1 kg**	**=**	**1 000 g**		

- Wichtige Umwandlungen für den Haushalt:

1 *l*	**≙**	**1 000 cm^3**	**≙**	**1 kg**	**=**	**1 000 g**
1 *dl*	≙	100 cm^3	≙	100 g		
1 *cl*	≙	10 cm^3	≙	10 g		
1 *ml*	≙	1 cm^3	≙	1 g		

Hinweis

Weitere Umrechnungshilfen für Haushalt und Gastronomie:

1 *l*	=	1,0 *l*	=	10 *dl*	=	100 *cl*	=	1 000 *ml*
$\frac{3}{4}$ *l*	=	0,75 *l*	=			75 *cl*	=	750 *ml*
$\frac{1}{2}$ *l*	=	0,5 *l*	=	5 *dl*	=	50 *cl*	=	500 *ml*
$\frac{1}{4}$ *l*	=	0,25 *l*	=			25 *cl*	=	250 *ml*
$\frac{1}{8}$ *l*	=	0,125 *l*	=					125 *ml*

Aufgaben

1 Ergänze Tabelle – rechne um:

	m^3	cm^3	*l*	g
a)	0,5			
b)			2,5	
c)		300		
d)			0,75	
e)				1 000

2 Rechne die Gesamtmenge in *l* aus:

a) 2 *l* + 0,75 *l* + 100 *ml* + 3,33 *l* + 0,2 *l*

b) 7 000 cm^3 + 0,2 *l* + 666,95 cm^3 + 0,5 *l* + 5 *l*

3 Ein Eimer fasst 10 *l* Wasser.

Wie viel Eimer kann man verbrauchen aus 1 m^3?

4 Ein Suppenteller enthält $\frac{1}{4}$ *l*.

a) Wie viele Suppenteller können aus 1 500 *ml* gefüllt werden?

b) Wie viele Suppenteller können aus $4\frac{1}{2}$ *l* gefüllt werden?

5 Ein Schwimmbecken hat Platz für 60 m^3 Wasser.

Wie viel *l* sind dies?

6 Wie viele Gläser mit einem Inhalt von 0,2 *l* kann man aus einer Literflasche füllen?

7 Wie viel wiegen 1,5 *l* Wasser?

8 In einem Wasserbehälter sind 50,25 *l* Wasser.

a) Wie viel kg sind dies?

b) Wie viel *hl* sind dies?

9 Der Inhalt einer Kaffeetasse entspricht 125 *ml*.

Wie viele Tassen kann man aus einer Kanne mit $\frac{3}{4}$ *l* füllen?

Maße und Gewichte im Haushalt — Berechnung von Brutto – Netto – Tara

Im Handel sprechen wir von:

Brutto:

- Bruttogewicht = Gesamtgewicht
  = Ware einschließlich Verpackung
- Bruttogehalt / Bruttolohn = Gehalt / Lohn ohne Abzüge
- Bruttopreis = Preis einschließlich der Mehrwertsteuer

Netto:

- Nettogewicht = Gewicht der Ware ohne Verpackung
  = reines Warengewicht (z. B. bei Konserven)
- Nettogehalt / Nettolohn = Gehalt / Lohn abzüglich Sozialabgaben und Lohnsteuer
  = der zur Auszahlung kommende Betrag
- Nettopreis = Warenpreis ohne Mehrwertsteuer

Tara:

- Taragewicht = Gewicht der Verpackung

Merke

- Bruttogewicht – Tara = Nettogewicht
- Bruttogewicht – Nettogewicht = Tara
- Nettogewicht + Tara = Bruttogewicht

Beispiel

Erdbeeren wiegen einschließlich Korb 3,75 kg.
Der Korb wiegt 700 g.

Bruttogewicht (Erdbeeren + Korb)	3,750 kg	Nettogewicht (Erdbeeren)	3,050 kg
– Tara (Korb)	0,700 kg	+ Tara (Korb)	0,700 kg
Nettogewicht (Erdbeeren)	3,050 kg	Bruttogewicht (Erdbeeren + Korb)	3,750 kg

Aufgaben

1 200 g Pralinen wurden in einer Schachtel – Gewicht der Schachtel 120 g – verpackt. Wie hoch ist das Bruttogewicht?

2 Eine Kiste Obst wiegt 14,500 kg. Die Kiste wiegt 1,500 kg. Wie hoch ist das Nettogewicht?

3 Eine Kiste Trockenobst wiegt 12,750 kg. Der Preis der gesamten Kiste beträgt 49,50 €. Die Verpackung wiegt 1,750 kg. Wie teuer ist 1 kg Trockenobst?

4 Ein Eimer Marmelade wiegt 5 kg. Der Nettoinhalt wird mit 4 500 g angegeben. Wie viel wiegt der Eimer?

- Zeitmaße in der Praxis sind:
  Sekunde = s – Minute = min – Stunde = h
- Längere Zeitspannen sind:
  Tage – Wochen – Monate – Jahre
- Zeitmaße sind nicht im Dezimalsystem aufgebaut, sondern nach astronomischen Gesichtspunkten, da sich die Erde in 24 Stunden einmal um ihre Achse dreht.

Merke

1 Jahr = 365 Tage
1 Tag = 24 Stunden (= h)
1 Stunde = 60 Minuten (= min)
1 Minute = 60 Sekunden (= s)

Aufgaben

1 Wie viel Minuten sind 226 Sekunden?

2 Wie viel Tage sind 14 Wochen?

3 Wie viel Stunden sind 822 Minuten?

4 Eine Wanderung beginnt um 8.10 Uhr. Sie dauert 3 Std. 42 Minuten. Wann ist sie zu Ende?

5 Du arbeitest täglich 8 Stunden. Wie viel Stunden arbeitest du im Monat bei 5 Arbeitstagen in der Woche?

6 Setze die fehlenden Zahlen ein:

Tage	Stunden	Minuten	Sekunden
18			
		2 880	
	24		

- Der Bruch ist Teil eines Ganzen.
- Teilt man ein Ganzes in eine Anzahl gleicher Teile, so erhält man Bruchteile. (z. B. 4)

Begriffe:

$1 : 4 = \frac{1}{4}$

- Zähler → gibt die Zahl der Teile an
- ——— (Bruchstrich) → Bruchstrich = geteilt durch
- Nenner → gibt an, aus wie vielen Teilen das Ganze besteht

- Ein Ganzes wird z. B. in 4 Teile aufgeteilt → $\frac{4}{4}$
- Jedes „Viertel" ist der vierte Teil des Ganzen → $\frac{1}{4}$

  Jedes Viertel wiegt z. B. den vierten Teil des Ganzen, z. B. → 500 g : 4 = 125 g
- Für ein Rezept wird oft nur ein Teil der Einkaufsmenge benötigt. Wer beim Abwiegen den richtigen Bruchteil erkennt, arbeitet rationeller.

z. B.

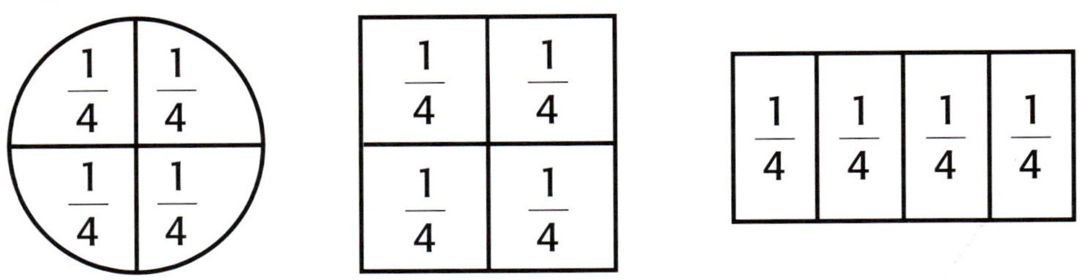

- Jedes Viertel wiegt 125 g.

Merke

- Brüche, bei denen der Zähler kleiner als der Nenner ist, heißen **echte Brüche**.
- Zähler < Nenner

  Beispiel: $\frac{2}{3}$ $\frac{3}{4}$ $\frac{3}{5}$ $\frac{7}{12}$ $\frac{13}{14}$

- Brüche, bei denen der Zähler größer als der Nenner ist, heißen **unechte Brüche**.
- Zähler > Nenner

  Beispiel: $\frac{8}{5}$ $\frac{17}{4}$ $\frac{4}{3}$ $\frac{9}{7}$ $\frac{43}{20}$

- Brüche, bei denen die Nenner gleich sind, heißen **gleichnamige Brüche**.
- gleiche Nenner

  Beispiel: $\frac{1}{8}$ $\frac{3}{8}$ $\frac{7}{8}$ $\frac{15}{8}$

Merke

- Brüche, bei denen die Nenner ungleich sind, heißen **ungleichnamige Brüche**.
- Nenner sind ungleich

  Beispiel: $\frac{1}{2}$ $\frac{5}{6}$ $\frac{1}{3}$ $\frac{1}{6}$

- Verbindungen aus einer ganzen Zahl und einem Bruch heißen **gemischte Zahlen**.
- ganze Zahl und ein Bruch

  Beispiel: $3\frac{8}{5}$ $14\frac{1}{3}$ $4\frac{3}{4}$ $9\frac{1}{8}$

- Ist der Zähler gleich dem Nenner oder ist der Zähler ein Vielfaches des Nenners, heißt der Bruch **Scheinbruch**.
- Das Ergebnis des Scheinbruchs ist immer eine ganze Zahl.

  Beispiel: $\frac{7}{7} = 1$ $\frac{24}{24} = 1$ $\frac{12}{6} = 2$ $\frac{4}{2} = 2$ $\frac{24}{8} = 3$

Aufgaben

1 Ordne zu: echte / unechte Brüche

$\frac{15}{16}$ $\frac{31}{20}$ $\frac{7}{8}$ $\frac{1}{2}$ $\frac{1}{8}$ $\frac{2}{5}$ $\frac{23}{17}$ $\frac{9}{8}$ $\frac{9}{5}$ $\frac{13}{8}$ $\frac{7}{5}$

2 Ordne zu: gleichnamige / ungleichnamige Brüche

a) $\frac{4}{5}$ $\frac{3}{5}$ $\frac{7}{8}$ b) $\frac{4}{5}$ $\frac{6}{5}$ $\frac{7}{5}$ c) $\frac{1}{12}$ $\frac{6}{12}$ $\frac{28}{12}$

3 Bei welchen Brüchen handelt es sich um einen Scheinbruch?

$\frac{12}{7}$ $\frac{23}{46}$ $\frac{46}{23}$ $\frac{9}{18}$ $\frac{36}{6}$ $\frac{40}{10}$ $\frac{3}{4}$ $\frac{8}{7}$ $\frac{35}{7}$ $\frac{60}{6}$ $\frac{9}{8}$

4 Wandel in unechte Brüche um:

a) $3\frac{1}{4}$ d) $20\frac{2}{4}$

b) $5\frac{2}{8}$ e) $1\frac{3}{4}$

c) $5\frac{1}{2}$ f) $9\frac{1}{5}$

Brüche erweitern

- Brüche mit verschiedenen Nennern lassen sich nur addieren oder subtrahieren, wenn sie vorher auf den gleichen Nenner gebracht werden.
- Dazu muss man den Bruch **erweitern**:
  Zähler und Nenner mit derselben Zahl multiplizieren (malnehmen).

  Beispiel: $\frac{1}{3}$ soll erweitert werden. Im Nenner soll 6 stehen.

  Zähler und Nenner müssen mit 2 erweitert werden. 2 mal 3 ist 6.

  $\frac{1}{3} \left[x \ \frac{\cdot 2}{\cdot 2} \right] = \frac{2}{6}$

Brüche kürzen

- Als Ergebnis können Brüche entstehen, die noch **gekürzt** werden müssen.
- Aus unechten Brüchen werden ganze oder gemischte Zahlen.
  Zähler und Nenner werden durch die gleiche Zahl dividiert (geteilt).

  Beispiel: $\frac{4}{6} \left[\frac{:2}{:2} \right] = \frac{2}{3}$ Beispiel: $\frac{6}{4} = 1\frac{2}{4} = 1\frac{1}{2}$

- Zähler und Nenner eines Bruches können durch eine gemeinsame Zahl teilbar sein.

  Beispiel: $\frac{12}{24}$ = Zähler und Nenner geteilt durch 12 = $\frac{1}{2}$

Merke

- **Beim Erweitern oder Kürzen von Brüchen bleibt der Wert unverändert!**

Aufgaben

1 Erweitere mit der jeweils angegebenen Zahl:

a) $\frac{3}{7}$ mit 5 b) $\frac{5}{7}$ mit 15 c) $\frac{8}{11}$ mit 8 d) $\frac{3}{8}$ mit 4 e) $\frac{14}{15}$ mit 5 f) $\frac{3}{9}$ mit 9

2 a) Kürze durch 3 : $\frac{9}{18}$ b) Kürze durch 2 : $\frac{8}{12}$ c) Kürze durch 4 : $\frac{36}{40}$ d) Kürze durch 6 : $\frac{12}{36}$

3 Kürze die Brüche

a) $\frac{8}{16}$ b) $\frac{14}{24}$ c) $\frac{16}{36}$ d) $\frac{8}{12}$ e) $\frac{8}{24}$ f) $\frac{15}{60}$

4 Erweitere mit 6:

a) $\frac{3}{8}$ b) $\frac{7}{12}$ c) $\frac{7}{18}$

Addieren / Subtrahieren von gleichnamigen Brüchen

- Brüche mit gleichem Nenner heißen gleichnamige Brüche.
- Nur Brüche mit gleichem Nenner können addiert oder subtrahiert werden.
- **Addieren** von gleichnamigen Brüchen:
  die Zähler werden addiert (Zähler plus Zähler), Nenner bleibt bestehen.

  Beispiel: $\frac{1}{5} + \frac{2}{5} = \frac{3}{5}$ oder $\frac{2}{7} + \frac{4}{7} = \frac{6}{7}$

- **Subtrahieren** von gleichnamigen Brüchen:
  die Zähler werden subtrahiert (Zähler minus Zähler); Nenner bleibt bestehen.

  Beispiel: $\frac{3}{4} - \frac{1}{4} = \frac{2}{4} = \frac{1}{2}$

Merke

- **Ungleichnamige Brüche** (= Brüche mit verschiedenen Nennern) müssen vor dem Addieren und Subtrahieren erst gleichnamig gemacht werden. (Hierauf wird in diesem Buch nicht weiter eingegangen!)

Aufgaben

1 Addiere:

a) $\frac{3}{6} + \frac{3}{6} =$ b) $\frac{2}{8} + \frac{5}{8} =$ c) $\frac{4}{9} + \frac{3}{9} =$ d) $\frac{7}{24} + \frac{11}{24} =$

2 a) $\frac{1}{9} + \frac{7}{9} + \frac{8}{9} + \frac{4}{9} =$ b) $\frac{12}{33} + \frac{7}{33} + \frac{25}{33} + \frac{8}{33} =$

3 Subtrahiere:

a) $\frac{19}{20} - \frac{3}{20} =$ b) $\frac{7}{12} - \frac{3}{12} =$ c) $\frac{7}{8} - \frac{3}{8} =$ d) $\frac{7}{24} - \frac{5}{24} =$

4 a) $\frac{11}{10} - \frac{3}{10} - \frac{3}{10} - \frac{1}{10} =$ b) $\frac{27}{15} - \frac{6}{15} - \frac{11}{15} - \frac{4}{15} =$

5 a) $1\frac{5}{6} + \frac{5}{6} + \frac{1}{6} + 2\frac{1}{6} =$ b) $5 - \frac{1}{4} - \frac{3}{4} - \frac{5}{4} - \frac{3}{4} =$

Multiplizieren von Brüchen

Merke

Multiplizieren von ganzen oder gemischten Zahlen mit einem Bruch:

- Gemischte Zahlen müssen vor der Multiplikation in Brüche umgewandelt werden (siehe Multiplizieren von 2 Brüchen).
- Ein Bruch wird mit einer ganzen Zahl multipliziert, indem man den Zähler mit der Zahl multipliziert; der Nenner bleibt.

Beispiel: $3 \cdot \frac{2}{5} = \frac{3 \cdot 2}{5} = \frac{6}{5} = 1\frac{1}{5}$

Multiplizieren von zwei Brüchen:

- Brüche werden multipliziert, indem man den Zähler mit dem Zähler und den Nenner mit dem Nenner multipliziert.
- Wenn möglich, soll vor dem Multiplizieren gekürzt werden.

Beispiel: $\frac{2}{4} \cdot \frac{4}{6} = \frac{1}{2} \cdot \frac{2}{3} = \frac{2}{6} = \frac{1}{3}$

Dividieren von Brüchen

Merke

Dividieren eines Bruchs durch eine ganze Zahl:

- Ein Bruch wird durch eine ganze Zahl dividiert, indem man den Nenner mit der ganzen Zahl multipliziert und den Zähler lässt.
- Ein Bruch wird mit einer ganzen Zahl multipliziert, indem man den Zähler mit der Zahl multipliziert; der Nenner bleibt.

Beispiel: $\frac{3}{4} : 2 = \frac{3}{4 \cdot 2} = \frac{3}{8}$

Dividieren von zwei Brüchen:

- Ein Bruch wird durch einen Bruch dividiert, indem man bei dem zweiten Bruch Zähler und Nenner vertauscht (= Kehrwet), dann wird der Zähler mit dem Zähler und der Nenner mit dem Nenner multipliziert (Multiplizieren von Brüchen).

Beispiel: $\frac{7}{4} : \frac{2}{3} = \frac{7}{4} \cdot \frac{3}{2} = \frac{21}{8} = 2\frac{5}{8}$

$\frac{2}{3} \rightarrow \frac{3}{2}$

= Kehrwert

Aufgaben

1 a) $\frac{3}{7} \cdot \frac{11}{15} =$ b) $\frac{3}{8} \cdot \frac{1}{2} =$ c) $\frac{9}{14} \cdot \frac{3}{4} =$ d) $3\frac{4}{7} \cdot \frac{3}{10} =$

e) $\frac{3}{5} : \frac{9}{10} =$ f) $\frac{5}{12} : \frac{5}{7} =$ g) $\frac{4}{5} : \frac{4}{5} =$ h) $\frac{3}{4} : 3 =$

2 Wie viel Beutel Pralinen zu $\frac{1}{8}$ kg kann man aus $2\frac{1}{2}$ kg abpacken?

3 Wie viel € von 87,78 € sind:

a) $\frac{1}{2}$ b) $\frac{1}{4}$ c) $\frac{1}{3}$ d) $\frac{1}{6}$ e) $\frac{3}{4}$

Merke

Umwandlung von Brüchen in Dezimalzahlen

- Brüche werden zu Dezimalzahlen, indem man den Zähler durch den Nenner dividiert.

  Beispiel: $\frac{3}{6} = 3 : 6 = 0{,}5$

- Brüche können auch zu Dezimalzahlen werden, wenn der Nenner z. B. 10, 100. 1 000 usw. ist oder dahingehend erweitert oder gekürzt wird.
  Deshalb der Name – Zehnerbrüche.

  Beispiel: $2\frac{2}{5} = 2\frac{4}{10}$ (erweitern auf 10) $= 2{,}4$

  Beispiel: $12\frac{16}{40} = 12\frac{4}{10}$ (kürzen auf 10) $= 12{,}4$

Merke

Umwandlung von Dezimalzahlen in Brüche

- Dezimalzahlen werden in Brüche umgewandelt, indem die Zahl nach dem Komma zum Zähler wird.
- In den Nenner übernimmt man die Zahl 10, 100, 1 000 usw.
- Die Anzahl der Stellen hinter dem Komma entspricht der Anzahl der Nullen im Nenner.
- Nach Möglichkeit wird gekürzt.

Beispiel: 0,80 — Zähler — Nenner 100 — 2 Stellen = 2 Nullen — $\frac{80}{100}$ gekürzt (mit 20) $= \frac{4}{5}$

Beispiel: 7,75 — Zähler — Nenner 100 — 2 Stellen = 2 Nullen — $7\frac{75}{100}$ gekürzt (mit 25) $= 7\frac{3}{4}$

Hinweise

Erweitern von Dezimalbrüchen

- Dezimalbrüche dürfen nur mit Zahlen wie 10, 100 usw. erweitert werden, um in Dezimalzahlen umgewandelt werden zu können.

  Beispiel: $\frac{3}{10} = \frac{30}{100} = \frac{300}{1\,000} = 0{,}3 = 0{,}30 = 0{,}300$

Kürzen von Dezimalbrüchen

- Dezimalbrüche dürfen nur mit Zahlen wie 10, 100 usw. gekürzt werden.

  Beispiel: $\frac{300}{1\,000} = \frac{30}{100} = \frac{3}{10} = 0{,}300 = 0{,}30 = 0{,}3$

- Runden von Dezimalzahlen siehe S. 15 / 16 / 17.

- Es wird in zwei Schritten (= Sätzen) gerechnet.
- Von der Grundgröße wird auf das Vielfache geschlossen.

Beispiel

1 Zitrone kostet 0,12 €.
Wie viel kosten 5 Zitronen?

Lösungsweg: 5 Zitronen kosten das Fünfache von einer Zitrone (= · 5)

1 Zitrone ≙ 0,12 €

5 Zitronen ≙ 0,12 € · 5 = 0,60 €

Aufgaben

1 1 Dose Mandarinen kostet 0,55 €.
Wie viel kosten 8 Dosen?

2 1 Hähnchen kostet 2,95 €.
Wie viel kosten 3 Hähnchen?

3 1 m Stoff kostet 6,15 €.
Wie viel kosten 3,5 m?

4 1 Packung Knöpfe kostet 1,90 €.
Wie viel kosten 25 Packungen?

5 Du kaufst 1 Stück Kuchen für 1,30 €.
Wie viel musst du für den ganzen Kuchen mit 12 Stücken bezahlen?

6 Für 1 Beet benötigst du 1,2 kg Samen.
Wie viel musst du für $2\frac{1}{2}$ Beete kaufen?

7 1 Schürze nähst du in 2,5 Stunden
Wie lange brauchst du für 3 Schürzen?

8 1 kg Fleischwurst kostet 10,10 €.
Wie viel musst du für $3\frac{1}{2}$ kg bezahlen?

Von mehreren Teilen zu einem Teil — Zweisatz

- Es wird in zwei Schritten (= Sätzen) gerechnet.
- Anstelle der Grundgröße steht ein Vielfaches.
- Es wird auf die Grundgröße geschlossen.

Beispiel

5 Zitronen kosten 0,60 €.
Wie viel kostet 1 Zitrone?

Lösungsweg: 1 Zitrone kostet den fünften Teil von 5 Zitronen (= : 5)

5 Zitronen ≙ 0,60 €

1 Zitrone ≙ 0,60 € : 5 = 0,12 €

$\frac{0{,}60}{5} = 0{,}12$ €

Aufgaben

1 8 m Stoff kosten 28,80 €.
Wie viel kostet 1 m?

2 5 Rosen kosten 5,75 €.
Wie viel kostet 1 Rose?

3 17 Krapfen kosten 6,93 €.
Wie viel kostet 1 Krapfen?

4 Für 8 Stunden Arbeit erhältst du 52,00 €.
Wie hoch ist dein Stundenlohn?

5 Aus der Teigmenge von 3 kg Mehl werden 7 Nusszöpfe gebacken.
Wie viel Mehl brauchst du für 1 Nusszopf?

6 35 Strängchen Stickgarn reichen für 6 Tischdecken.
Wie viel Stickgarn brauchst du für 1 Tischdecke?

7 8 Packungen Nudeln kosten 4,80 €.
Wie viel kostet 1 Packung?

- Beim Dreisatz mit geradem Verhältnis wird in drei Schritten (= Sätzen) gearbeitet.
- Meist ist nicht die Grundgröße vorgegeben, sondern ein Vielfaches.
- Zuerst teilen – dann malnehmen!

Merke

Je weniger	→	desto weniger	= gerades Verhältnis
Je mehr	→	desto mehr	= gerades Verhältnis

Beispiel

26 m eines Stoffes kosten 273,00 €.
Wie viel kosten:
a) 18 m und b) 34 m?

a) 26 m kosten 273,00 € (Behauptungssatz)
1 m kostet 273,00 € : 26 (Frage nach 1 Teil = teilen)
18 m kosten · 18 (Frage nach dem Vielfachen = malnehmen)

Weniger m → kosten **weniger** €

$$X \triangleq \frac{273{,}00 \cdot 18}{26} = 189{,}00\ €$$

b) Was ist gegeben? 26 m kosten 273,00 €
Was ist gefragt? 34 m kosten x €

Mehr m → kosten **mehr** €

$$X \triangleq \frac{273{,}00 \cdot 34}{26} = 357{,}00\ €$$

Aufgaben

1 12 Stifte kosten 4,60 €. Wie viel kosten:
a) 4 Stifte b) 7 Stifte c) 9 Stifte

2 Ein Läufer ist $2\frac{1}{2}$ m lang und kostet 27,90 €.
Wie teuer ist ein Läufer, der folgende Länge hat:
a) 2 m b) 3,10 m c) 3,75 m d) 3,95 m

3 40 kg einer Ware kosten 117,60 €. Wie viel kosten:
a) 28 kg b) 12 kg c) 48 kg

4 Ein Verkäufer erhält für 120 Stück eine Provision von 24,50 €.
Wie viel Provision erhält er für:
a) 160 Stück b) 100 Stück c) 175 Stück

5 1 kg Honig kostet 5,10 €. Wie viel kostet ein Glas mit:
a) 250 g b) 275 g c) 375 g d) 750 g

6 In 5 Tagen werden 1 150 Brathähnchen verbraucht.
Wie lange reicht der Tiefkühlvorrat von:
a) 460 Stück b) 1 610 Stück c) 1 840 Stück d) 2 760 Stück

- Beim Dreisatz mit ungeradem Verhältnis wird in drei Schritten (= Sätzen) gearbeitet.
- Meist ist nicht die Grundgröße vorgegeben, sondern ein Vielfaches.
- Zur Einheit wird multipliziert (z. B. Zeit eines Arbeiters).
- Zur Vielzahl wird dividiert (z. B. Zeit vieler Arbeiter).

Merke

Je weniger arbeiten → desto mehr Zeit wird gebraucht = ungerades Verhältnis

Je mehr arbeiten → desto weniger Zeit wird gebraucht = ungerades Verhältnis

Beispiel

6 Arbeiter brauchen 12 Stunden (h)
Wie lange brauchen:
a) 4 Arbeiter und b) 10 Arbeiter

Lösungsweg a:

Was ist gegeben? → 6 Arbeiter brauchen 12 Stunden (h)
Was ist gefragt? → 4 Arbeiter brauchen X Stunden (h)

Weniger Arbeiter → brauchen **mehr** Stunden (h)

- 1. Schritt: 6 Arbeiter brauchen 12 Stunden (h) → auf den Bruchstrich
- 2. Schritt: 1 Arbeiter braucht 6mal so lange → 6 auf den Bruchstrich (12 · 6)
- 3. Schritt: 4 Arbeiter brauchen den 4. Teil (: 4) → 4 unter den Bruchstrich

also: $X \triangleq \frac{12 \cdot 6}{4} = 18\ h$

4 Arbeiter brauchen 18 Stunden (h).

Lösungsweg b:

Was ist gegeben? → 6 Arbeiter brauchen 12 Stunden (h)
Was ist gefragt? → 10 Arbeiter brauchen X Stunden (h)

Mehr Arbeiter → brauchen **weniger** Stunden (h)

- 1. Schritt: 6 Arbeiter brauchen 12 Stunden (h) → auf den Bruchstrich
- 2. Schritt: 1 Arbeiter braucht 6mal so lange → 6 auf den Bruchstrich (12 · 6)
- 3. Schritt: 10 Arbeiter brauchen den 10. Teil (: 10) → 10 unter den Bruchstrich

also: $X \triangleq \frac{12 \cdot 6}{10} = 7{,}20\ h$

10 Arbeiter brauchen 7,20 Stunden (h).

Aufgaben

1 5 Näherinnen nähen 10 Tage.
Wie lange brauchen:
a) 2 Näherinnen
b) 4 Näherinnen
c) 7 Näherinnen
d) 9 Näherinnen

2 Eine Putzkolonne mit 25 Frauen braucht 10 Stunden.
Wie lange brauchen:
a) 5 Frauen
b) 10 Frauen
c) 12 Frauen
d) 35 Frauen

3 Zum Tapezieren eines Zimmers benötigt man 26 Rollen Tapete bei einer Breite von $\frac{1}{2}$ m und einer Länge von 10 m.
Wie viel Rollen braucht man bei einer Breite von:
a) 70 cm
b) 80 cm
c) 90 cm
d) 120 cm

4 Die Spesen reichen für 25 Tage, wenn jeden Tag 66,50 € ausgegeben werden.
Wie lange reicht der Betrag, wenn täglich nur 53,70 € ausgegeben werden?

5 4 Angestellte arbeiten an einer Arbeit 16 Tage.
Wie lange brauchen sie, wenn 2 weitere Angestellte beschäftigt werden?

6 Für die Herstellung von Weihnachtsplätzchen brauchen 3 Lehrlinge 8 Stunden.
Wie viel Zeit benötigen:
a) 4 Lehrlinge
b) 7 Lehrlinge

7 Eine Schulklasse plant eine Exkursion zu einer nahe gelegenen Fischkonservenfabrik.
Ein Pkw verbraucht auf dieser Hin- und Rückfahrt 6 *l* Benzin à 1,10 €.
Wie hoch sind die Benzinkosten pro Person, wenn
a) zwei Personen
b) drei Personen
c) fünf Personen
in Auto mitfahren?

Gemischte Aufgaben

8 16 Geschäfte beteiligen sich an der Weihnachtsdekoration und benötigen dafür 15 328,00 €.
a) Wie viel muss 1 Geschäft aufbringen?
b) Wie viel muss 1 Geschäft zahlen, wenn sich 3 Geschäfte mehr beteiligen?

9 15 Geschäfte machen gemeinsam Werbung und benötigen dafür 17 550,00 €.
Wie viel muss bei unverändertem Betrag 1 Geschäft zahlen, wenn:
a) 14 Geschäfte
b) 12 Geschäfte
c) 8 Geschäfte mitmachen?

10 Zum Eindecken der Tafel brauchen 3 Arbeitskräfte 2 Stunden.
Wie lange brauchen 4 Arbeitskräfte?

11 Eine Dose Beeren hat 2,000 kg Inhalt. Sie kostet 6,15 €.
Wie hoch ist der Wert von:
a) 100 g
b) 250 g
c) 125 g
d) 375 g

12 An einem Tag werden im Durchschnitt 15 Flaschen Saft verbraucht.
Wie viel werden
a) für 1 Woche
b) für 1 Monat
gebraucht?

13 1 kg Forellenfilet kostet 25,10 €. Für 1 Portion werden 150 g verwendet.
Wie hoch sind die Kosten?

14 5 kg Tomaten kosten 6,50 €. Wie viel kosten 2 kg?

15 Die Dose Cappuccino-Pulver enthält 200 g und kostet 5,00 €.
Für 1 Tasse nimmt man 4 TL je $2\frac{1}{2}$ g.
a) Wie viel Tassen können zubereitet werden?
b) Wie hoch sind die Materialkosten für 1 Tasse?

16 In einem Café werden an 5 Hilfskräfte für 6 Stunden 229,80 € ausgezahlt.
a) Wie hoch ist der Stundenlohn?
b) Wie lange müssen 7 Hilfskräfte arbeiten?

- Der menschliche Körper ist auf laufende Energiezufuhr angewiesen.
- Die benötigte Energie wird durch Verbrennung von Nährstoffen erzeugt.
- Energie liefernde Nährstoffe sind:
  - Kohlenhydrate
  - Eiweiß
  - Fett
- Internationale Maßeinheit für den Energiegehalt (= Nährwert) ist das Joule (J).
- 1 000 Joule (J) ≙ 1 Kilojoule (kJ)
- Der Brennwert kann auch in Kalorien (Kilokalorie = kcal) ausgedrückt werden. Die Kalorie ist immer noch die überall gebräuchliche Einheit für den Wärme- oder Energiegehalt.
- 1 kcal (Kilokalorie) ≙ 4,1868 ≈ 4,187 kJ (Kilojoule) ≈ 4 kJ
  1 kJ ≙ 0,239 kcal
- Der Energiebedarf ist hauptsächlich abhängig vom Körpergewicht, Geschlecht, körperlicher Belastung (Arbeit).
- Der durchschnittliche Energiebedarf setzt sich zusammen aus:
  - GU = Grundumsatz = Verbrauch in Ruhe
  - LU = Leistungsumsatz = abhängig von der Tätigkeit
  - GEB = Gesamtenergiebedarf = Grundumsatz + Leistungsumsatz
- Das persönliche Idealgewicht kann man mithilfe des Body-Maß-Index (= BMI) ausrechnen. Die Formel dafür ist:

$$\text{BMI} = \frac{\text{Körpergewicht in kg}}{(\text{Körpergröße in m})^2}$$

- Nach Klassifikation der Deutschen Gesellschaft für Ernährung (= DGE) liegt der ideale BMI für Frauen zwischen 19 und 24, bei Männern zwischen 20 und 25.
- Es gibt auch Tabellen um den BMI leicht ablesen zu können.
- unter 18,5 ist Untergewicht
  18,5 bis 25 ist Normalgewicht
  25 bis 30 ist Übergewicht
  über 30 ist starkes Übergewicht.

Hinweis

Empfehlenswerte Höhe der täglichen Nährstoffzufuhr

(nach DGE = Deutsche Gesellschaft für Ernährung)
Die für Erwachsene angegebenen Werte gelten für Personen mit ausschließlich sitzender Tätigkeit (Leichtarbeit). Für andere Berufsschwergruppen sind Zuschläge erforderlich.

		Energie in kcal männlich/weiblich	Energie in kJ männlich/weiblich
Säuglinge			
0 bis unter	4 Monate	500/450	2 093/1 884
4 bis unter	12 Monate	700	2 931
Kinder			
1 bis unter	4 Jahre	1 100/1 000	4 606/4 187
4 bis unter	7 Jahre	1 500/1 400	6 281/5 862
7 bis unter	10 Jahre	1 900/1 700	7 955/7 118
10 bis unter	13 Jahre	2 300/2 000	9 630/8 374
13 bis unter	15 Jahre	2 700/2 200	11 305/9 211
Jugendliche und Erwachsen			
15 bis unter	19 Jahre	2 500/2 000	10 468/8 374
19 bis unter	25 Jahre	2 500/1 900	10 468/7 955
25 bis unter	51 Jahre	2 400/1 900	10 049/7 955
51 bis unter	65 Jahre	2 200/1 800	9 211/7 537
über	65 Jahre	2 000/1 600	8 374/6 699
Schwangere		/+255	/+1 068
Stillende		/bis +635	/bis +2 659

Merke

Energiegehalt der Grundnährstoffe

1 g	Kohlenhydrate	≙	4,1 kcal	≈	4 kcal	≙	17,2 kJ ≈	17 kJ
1 g	Eiweiß	≙	4,1 kcal	≈	4 kcal	≙	17,2 kJ ≈	17 kJ
1 g	Fett	≙	9,3 kcal	≈	9 kcal	≙	38,9 kJ ≈	39 kJ

Hinweis

Auszug aus einer Nährwerttabelle

Lebensmittel (je 100 g verzehrbarer Anteil)	kcal	kJ	Eiweiß g	Fett (gesamt) g	Kohlenhydrate g
Milch und Milchprodukte					
Kuhmilch, H-Milch, 3,5 % Fett	64	267	3,3	3,5	4,8
H-Milch, fettarm, 1,5 % Fett	47	195	3,4	1,5	4,9
H-Milch, entrahmt	35	144	3,5	0,1	4,9
Buttermilch	35	144	3,5	0,5	4,0
Joghurt aus Trinkmilch 3,5 % F.	61	254	3,3	3,5	0,1
Joghurt, fettarm, 1,5 % Fett	44	182	3,4	1,5	4,1
Sahne, Schlagsahne, 30 % Fett	309	1 291	2,4	31,7	3,4
Crème fraîche, 40 % Fett	378	1 582	2,0	40,0	2,5
Käse					
Doppelrahmfrischkäse	340	1 424	11,3	31,5	2,6
Mascarpone	460	1 926	4,6	47,5	3,6
Speisequark, 40 % Fett i. Tr.	160	670	11,1	11,4	3,3
Speisequark, 20 % Fett i. Tr.	109	456	12,5	5,1	2,7
Speisequark, mager	72	300	13,5	0,3	3,2
Camembert, 60 % Fett i. Tr.	378	1 580	17,9	34,0	+
Camembert, 45 % i.Tr.	285	1 193	21,0	22,3	0,1
Camembert, 30 % Fett i. Tr.	216	902	23,5	13,5	+
Emmentaler, 45 % Fett i. Tr.	386	1 613	28,9	30,0	+
Eier					
Hühnerei (Gesamtinhalt) – 100 g ≙ 2 Stck.	156	651	12,8	11,3	0,7
Hühnereigelb	353	1 476	16,1	31,9	0,3
Hühnereiklar	46	193	11,1	0,2	+
Fette und Öle					
Butter	754	3 156	0,7	83,2	0,7
Butterschmalz	897	3 752	0,3	99,5	0
Kokosfett	894	3 741	0,8	99,0	+
Margarine (Pflanzenmargarine)	722	3 023	0,2	80,0	0,4
Olivenöl	897	3 754	0	99,6	0,2
Sonnenblumenöl	898	3 758	0	99,8	*
Fische und Fischdauerwaren					
Hering (Atlantikhering)	233	975	8,2	17,8	+
Rotbarsch (Goldbarsch)	105	440	18,2	3,6	+
Thunfisch	226	943	21,5	15,5	+
Miesmuschel	51	213	9,8	1,3	+
Aal, Flussaal	281	1174	15,0	24,5	+
Forelle	102	428	19,5	2,7	+
Karpfen	115	482	18,0	4,8	+
Lachs	202	845	19,9	13,6	+

Auszug aus einer Nährwerttabelle

Lebensmittel (je 100 g verzehrbarer Anteil)	kcal	kJ	Eiweiß g	Fett (gesamt) g	Kohlenhydrate g
Hering, mariniert (Bismarckh.)	210	879	16,5	16,0	+
Heringsfilet i. Tomatensoße	204	853	14,8	15,0	2,4
Lachs, geräuchert	289	1 208	28,5	19,4	+
Geflügel					
Gans	342	1 430	15,7	31,0	+
Huhn, Brathuhn	166	695	19,5	9,6	+
Puter (Truthahn)	157	658	20,2	8,5	+
Kalbfleisch					
Muskelfleisch (ohne Fett)	95	397	21,9	0,8	+
Haxe	98	410	20,9	1,6	+
Schnitzel	99	414	20,7	1,8	+
Rindfleisch					
Muskelfleisch (ohne Fett)	102	428	21,3	1,9	0,1
Lende (Roastbeef)	130	544	22,4	4,5	+
Hackfleisch	216	904	22,5	14,0	+
Schweinefleisch					
Muskelfleisch (ohne Fett)	105	440	22,0	1,9	+
Bauch	261	1 092	17,8	21,1	+
Kotelett	150	626	20,3	7,6	+
Schnitzel	106	443	22,2	1,9	+
Fleisch- und Wurstwaren					
Bierschinken	169	707	16,6	11,4	+
Bratwurst (Schweinsbratwurst)	298	1 249	9,8	28,8	+
Fleischwurst	296	1 239	9,9	28,5	0
Hackfleisch (halb und halb)	260	1 088	20,0	20,0	+
Leberwurst, grob	326	1 366	15,9	29,2	+
Salami	390	1 633	13,9	37,2	+
Schinken, gekocht	125	524	22,5	3,7	+
Schinken, geräuchert	152	635	20,7	7,7	+
Getreide, Mehle u. sonstige Mahlprodukte					
Getreide, Sprossen, frisch	68	286	3,2	0,4	13,0
Haferflocken (Vollkorn)	352	1 472	13,5	7,0	58,7
Grieß	339	1 419	8,8	1,1	73,5
Reis, Naturreis	347	1 454	7,8	2,2	74,1
Reis, poliert	347	1 452	7,0	0,6	78,4
Mehl, Type 405	335	1 403	10,6	1,0	71,0
Vollkorn, Backschrot, T. 1700	302	1 262	11,2	2,0	59,7
Kartoffelstärke	336	1 405	0,6	0,1	83,1
Weizenstärke	347	1 451	0,4	0,1	86,1
Backmischungen und -teige					
Biskuit	320	1 339	7,0	4,0	64,0
Hefeteig (Mischung)	303	1 268	8,0	7,0	52,0
Nusskuchen	417	1 745	7,5	23,8	43,2
Apfelstrudel	230	970	3,0	12,0	28,0
Blätterteig	375	1 575	5,0	25,0	33,0
Hefeteig (Teig)	270	1 135	7,0	6,0	47,0
Pizzateig	258	1 078	7,1	6,4	43,0

Auszug aus einer Nährwerttabelle

Lebensmittel (je 100 g verzehrbarer Anteil)	kcal	kJ	Eiweiß g	Fett (gesamt) g	Kohlenhydrate g
Backwaren					
Roggenbrot	219	915	6,7	1,0	45,7
Weißbrot	236	986	8,2	1,2	48,0
Weizenbrötchen (Semmeln)	274	1 146	8,3	1,9	55,5
Knäckebrot	318	1 328	10,0	1,5	66,0
Butterkeks	422	1 766	8,0	10,0	75,0
Sahnetorte	365	1 527	5,0	25,0	30,0
Zwieback	368	1 541	10,0	4,0	73,1
Frühstücksflocken					
Cornflakes, angereichert	355	1 484	7,7	0,6	82,0
Müsli-Mischung	394	1 648	9,0	10,0	67,0
Teigwaren					
Eier-Teigwaren (Nudeln), roh	360	1 507	13,3	2,8	70,0
Spaghetti, eifrei	362	1 513	12,5	1,2	75,2
Hülsenfrüchte					
Bohnen, weiß, roh	238	994	21,1	1,6	34,7
Erbsen, roh	269	1 127	23,0	1,4	41,2
Samen und Nüsse					
Erdnuss, geröstet	588	2 459	26,4	49,4	9,4
Mandel	577	2 413	19,0	54,0	3,7
Walnuss	666	2 788	15,0	62,0	12,1
Gemüse und Gemüseprodukte					
Blumenkohl, roh	22	92	2,4	0,3	2,3
Bohnen, grün, roh	32	136	2,4	0,2	5,1
Endivien, roh	14	59	1,8	0,2	1,2
Erbsen, grün	70	293	5,8	0,5	10,6
Feldsalat	14	57	1,8	0,4	0,7
Gurken, roh	12	50	0,6	0,2	1,8
Kartoffeln, roh	70	292	2,0	0,1	14,8
Kopfsalat	12	50	1,3	0,2	1,1
Möhren (Karotten), roh	25	106	1,1	0,2	4,8
Porree (Lauch)	25	104	2,2	0,3	3,2
Rotkohl (Blaukraut)	21	86	1,5	0,2	3,2
Spargel, roh	18	75	1,9	0,1	2,2
Spinat	15	64	2,5	0,3	0,6
Tomaten	17	73	1,0	0,2	2,6
Zucchini	19	79	1,6	0,4	2,2
Zwiebel	28	118	1,3	0,3	4,9
Obst und Obstprodukte					
Apfel, ungeschält, roh	54	225	0,3	0,6	11,4
Apfelsine, roh	42	177	1,0	0,2	8,3
Aprikosen, roh	43	180	1,0	0,1	8,5
Banane, roh	94	392	1,1	0,2	21,4
Birne, roh	55	231	0,5	0,3	12,4
Erdbeere, roh	32	134	0,8	0,4	5,5
Grapefruit, roh	45	187	0,6	0,2	9,0
Himbeeren, roh	33	140	1,3	0,3	4,8
Johannisbeeren, roh	33	138	1,1	0,2	4,9
Kirschen, süß, roh	63	262	0,9	0,3	13,3
Weintrauben, roh	68	282	0,7	0,3	15,2
Zitrone, roh, geschält	36	149	0,7	0,6	3,2

Auszug aus einer Nährwerttabelle

Lebensmittel (je 100 g verzehrbarer Anteil)	kcal	kJ	Eiweiß g	Fett (gesamt) g	Kohlenhydrate g
Getränke					
Alkoholfreies Schankbier	25	105	0,3	0	5,4
Apfelwein	45	189	+	+	2,6
Bockbier	62	259	0,7	0	*
Dessertweine (süßer Wein)	160	672	0,1	*	15,0
Diät-Vollbier	33	140	0,4	0	*
Exportbier, hell	47	195	0,5	0	*
Fruchtwein	74	311	+	*	5,0
Liköre	166	697	*	*	30,0
Malzbier	48	199	0,4	0	*
Qualitätswein, weiß	70	294	0,1	*	2,6
Qualitätswein, rot	67	278	0,2	*	2,6
Weinbrand	240	1 003	*	*	2,0
Whisky	247	1 033	*	*	+
Cola	43	182	+	*	10,9
Fruchtsaftgetränke	49	206	*	*	12,0
Kalorienarme Erfrischungsgetränke, Zitrone	7	29	+	+	1,5
Limonaden	49	206	*	*	12,0
Süßwaren					
Bienenhonig (Durchschnitt)	327	1 367	0,3	0	81,0
Bonbons	388	1 623	*	*	97,0
Brotaufstrich auf Nussbasis	528	2 210	4,0	31,0	58,0
Gummibären	328	1 377	6,0	*	76,0
Kaugummi 1 St.	10	42	0	*	2,6
Schokolade, milchfrei	479	2 005	5,3	30,0	47,0
Vollmilchschokolade	531	2 221	9,2	30,0	56,0
Zucker	400	1 680	0	0	100,0

Merke

- \+ = Inhaltsstoff ist nur in Spuren vorhanden
- 0 = der Gehalt beträgt praktisch 0
- * = es liegen keine Daten vor
- kcal = Kilokalorie
- kJ = Kilojoule
- i. Tr. = in der Trockenmasse (z. B. bei der Fettangabe von Käse. Alle Bestandteile zusammen ergeben die Käsemasse. Zieht man davon den Wasseranteil ab, erhält man die Trockenmasse.)
- „verzehrbarer Anteil" bedeutet, dass der Küchenabfall, der bei der Zubereitung entsteht, bereits abgezogen ist.

Aufgaben

1 Nenne die Begriffe aus der Kopfleiste.
2 Wie viel Gramm Eiweiß haben 100 g Buttermilch?
3 Wie viel kJ haben 100 g Hering?
4 Wie viel Gramm Kohlenhydrate haben 100 g Naturreis?
5 Welches der aufgeführten Gemüse hat den niedrigsten Energiegehalt?

Berechnen des Nährstoffgehaltes von Speisen — Nährwerttabelle

Bei einer gesunden Ernährung müssen:

- **die Nährstoffe in einem ausgeglichenen Verhältnis aufgenommen werden,**
- **der Nährwert- oder Energiegehalt im richtigen Maß zum Verbrauch stehen.**

Beispiel

Wie viel Gramm der einzelnen Nährstoffe werden mit 150 g Roggenbrot aufgenommen?

Angaben aus der Nährwerttabelle:

Lebensmittel (je 100 g verzehrbarer Anteil)	Eiweiß g	Fett (gesamt) g	Kohlenhydrate g
	6,2	1,0	45,7

- In der Tabelle entsprechendes Lebensmittel suchen.
- Die Tabelle nennt die Werte für 100 g.
- Die Rezepte müssen ins Vielfache, z. B. 150 g ≙ 1,5 · 100 g, oder Teile, z. B. 75 g ≙ 0,75 · 100 g, der Tabellenmenge umgewandelt werden.

Lösungsmöglichkeit 1

45,7 · 1,5 = 68,55 g Kohlenhydrate

1,0 · 1,5 = 1,50 g Fett

6,7 · 1,5 = 10,05 g Eiweiß

Ergebnis: 150 g Roggenbrot enthalten 10,05 g Eiweiß, 1,50 g Fett, 68,55 g Kohlenhydrate.

Lösungsmöglichkeit 2

- Erst dividieren– dann multiplizieren (siehe Seite 46)

100 g ≙ 6,7 g Eiweiß

1 g ≙ 6,7 : 100

150 g ≙ · 150

$= \frac{6{,}7 \cdot 150}{100} \triangleq 10{,}05$ g Eiweiß

- Diese Rechnung muss entsprechend für jeden Nährstoff gemacht werden.

Aufgaben

1 Wie viel Gramm Fett enthält 1 Glas Kuhmilch ($\frac{1}{4}\,l$ = 250 g) bei 3,5 % Fettgehalt?

2 Vergleiche:
Wie viel g Fett enthalten 250 g Butter – 250 g Butterschmalz – 250 g Sonnenblumenöl?

3 Ermittle den Gehalt an Grundnährstoffen von 175 g Hering, 175 g Forelle, 175 g Lachs, geräuchert.

4 Vergleiche den Eiweißgehalt von 75 g Bierschinken und 75 g Doppelrahmfrischkäse.

Hinweise

- Nährwerttabellen nennen den Energiegehalt der einzelnen Lebensmittel.
- Will man den Energiegehalt bestimmter Speisen ermitteln, so muss man das Rezept berechnen.

Beispiel

Ein Rezept für 4 Portionen Kartoffelbrei lautet:

800 g Kartoffeln, 250 g Milch, 50 g Butter, Salz, Gewürze.

a) Wie viel kJ (Kilojoule) enthält eine Portion und b) Wie viel kcal (Kilokalorien)?

Angaben aus der Nährwerttabelle:

Lebensmittel (je 100 g verzehrbarer Anteil)	kJ	kcal
Kartoffeln	292	70
Milch	267	64
Butter	3 156	754

Lösungsmöglichkeit 1

800 g	Kartoffeln	292 · 8	= 2 336	kJ ≙	560	kcal
250 g	Milch	267 · 2,5	= 667,5	kJ ≙	160	kcal
50 g	Butter	3 156 · 0,5	= 1 578	kJ ≙	377	kcal
	4 Portionen enthalten		4 581,5	kJ ≙	1 097	kcal
	1 Portion enthält (: 4)		1 145,38	kJ ≙	274,2	kcal

- Aus der Tabelle die erforderlichen Werte suchen.
- Energiegehalt in kJ jeder Zutat ermitteln – den Wert für 100 g entsprechend vervielfachen oder teilen.
- Den Gesamtenergiegehalt ermitteln, indem man die Werte der einzelnen Zutaten zusammenzählt.
- Den Gehalt einer Portion errechnen, indem man die Gesamtsumme durch die Anzahl der Portionen teilt.

Lösungsmöglichkeit 2

- Erst dividieren – dann multiplizieren (siehe Seite 46)

100 g Kartoffeln ≙ 292 kJ

1 g Kartoffeln ≙ 292 : 100

800 g Kartoffeln ≙ · 800

$= \frac{292 \cdot 800}{100} = 2\,336$ kJ

100 g Milch ≙ 267 kJ

1 g Milch ≙ 267 : 100

250 g Milch ≙ · 250

$= \frac{267 \cdot 250}{100} = 667{,}5$ kJ

- Nach diesem Beispiel weiter verfahren, dann zusammenzählen und durch 4 teilen = 1 Portion.

Aufgaben

1 Eine Gebäckmischung enthält je kg 650 g Kohlenhydrate, 210 g Fett und 80 g Eiweiß.
a) Wie hoch ist der Gesamtenergiegehalt?
b) Wie hoch ist der Energiegehalt für 1 Tüte mit 250 g?

2 Eine Rührmasse enthält 500 g Mehl, 250 g Margarine, 250 g Zucker, 6 Eier, Gewürze.
a) Berechne den Nährwert (Energiegehalt) der gesamten Rührmasse,
b) Berechne den Nährwert von 1 Stück Kuchen, wenn 22 Stücke geschnitten werden.

3 Ein Beutel Erdnüsse wiegt 60 g.
Wie viel Gramm Fett nimmt man mit dieser „Fernsehportion" zu sich?

4 Berechne den Energiegehalt von einem Becher Joghurt aus Trinkmilch – 3,5 % Fett –, Inhalt 150 g, und der gleichen Menge Joghurt, fettarm.

Die Zubereitungsart beeinflusst den Energiegehalt.

5 Vergleiche den Energiegehalt der Beilagen für 4 Portionen und für 1 Portion (Angaben ≙ 4 Portionen):
a) Salzkartoffeln: 1 kg Kartoffeln, Salz
b) Kartoffelbrei: 1 kg Kartoffeln, Salz, $\frac{1}{4}$ *l* Milch, 20 g Butter, Gewürze
c) Reis, gedünstet: 250 g Reis (poliert), 1 Zwiebel (50 g), 20 g Margarine, 2 Tassen Wasser, Gewürze
d) Semmelknödel: 8 Semmeln (je 40 g), Salz, $\frac{1}{4}$ *l* Milch, 1 Zwiebel (50 g), Petersilie (0 kcal), 20 g Margarine, 3 Eier (je 50 g), Salz, Muskat
e) Spätzle: 375 g Mehl, Salz, $\frac{1}{4}$ *l* Wasser, 3 Eier, 20 g Margarine, 1 Zwiebel (50 g).

6 Berechne den Energiegehalt für eine Portion (Rezepte für 4 Portionen):
a) Schnitzel, paniert: 4 Schweineschnitzel (je 200 g), Gewürze, 2 EL (1 EL = 10 g) Mehl, 1 Ei (je 50 g), 6 EL (1 EL = 20 g) Semmelbrösel (wie Weißbrot), 40 g Kokosfett
b) Rahmschnitzel: 4 Schweineschnitzel (je 200 g), Gewürze, 2 EL Mehl, 20 g Sonnenblumenöl, 4 EL Sahne (= je EL 15 g)

7 Für je 4 Portionen werden benötigt:
a) Blumenkohl, gedünstet: 500 g Blumenkohl, 20 g Butter
b) Blumenkohlgemüse: 500 g Blumenkohl, 30 g Butter, 40 g Mehl, 0,04 *l* Sahne
c) Blumenkohl mit Butter und Bröseln: 500 g Blumenkohl, 70 g Butter, 40 g Semmelbrösel (wie Weißbrot).
Berechne den Energiegehalt je einer Portion.

8 Für je 4 Portionen sind erforderlich bei:
a) gedünstetem Rotbarsch: 750 g Rotbarsch, 30 g Butter, 30 g Sahne, 100 g Weißwein, 15 g Mehl
b) gebackenem Rotbarsch: 750 g Rotbarsch, 40 g Mehl, 1 Ei (50 g), 60 g Semmelbrösel (wie Weißbrot), 50 g Kokosfett
Berechne den Energiegehalt einer Portion.

9 Für je 4 Portionen werden benötigt:
a) Salzkartoffeln: 800 g Kartoffeln
b) Bratkartoffeln: 800 g Kartoffeln, 35 g Kokosfett
c) Pommes frites: 800 g Kartoffeln, 65 g Sonnenblumenöl.
Berechne den Energiegehalt.

Zwölf europäische Staaten gehören der Währungsunion an.

Belgien	Frankreich	Italien	Österreich
Deutschland	Griechenland	Luxemburg	Portugal
Finnland	Irland	Niederlande	Spanien

Am 1. Januar 1999 wurde das Verhältnis festgelegt, das die einzelnen Währungen mit dem Start der Währungsunion untereinander haben. Diese Werte sind somit
eine feststehende Größe.

- Zum 1. Januar 2002 wurde die neue Eurowährung als Bargeld eingeführt. Der Euro ist somit alleiniges, gesetzliches Zahlungsmittel und ersetzt die DM und die anderen Währungen der zwölf teilnehmenden Staaten.
- Bankkonten wurden automatisch auf den Euro umgestellt.

Eine Währung für rund 300 Millionen Menschen

Im Mai 1998 beim Treffen der Staats- und Regierungschefs in Brüssel fiel die Entscheidung, dass 11 Mitgliedsländer der EU den Euro einführen. Seit dem 1. Januar 1999 ist die europäische Währungsunion in Kraft: Jetzt leben wir im Euro-Land. Der Euro ist mehr als neues Geld, er verbindet 290 Millionen Menschen aus 11 europäischen Ländern. Seit dem 1. Januar 2001 sind es mit Griechenland sogar 12 Länder. Weitere Länder werden in den nächsten Jahren voraussichtlich beitreten.

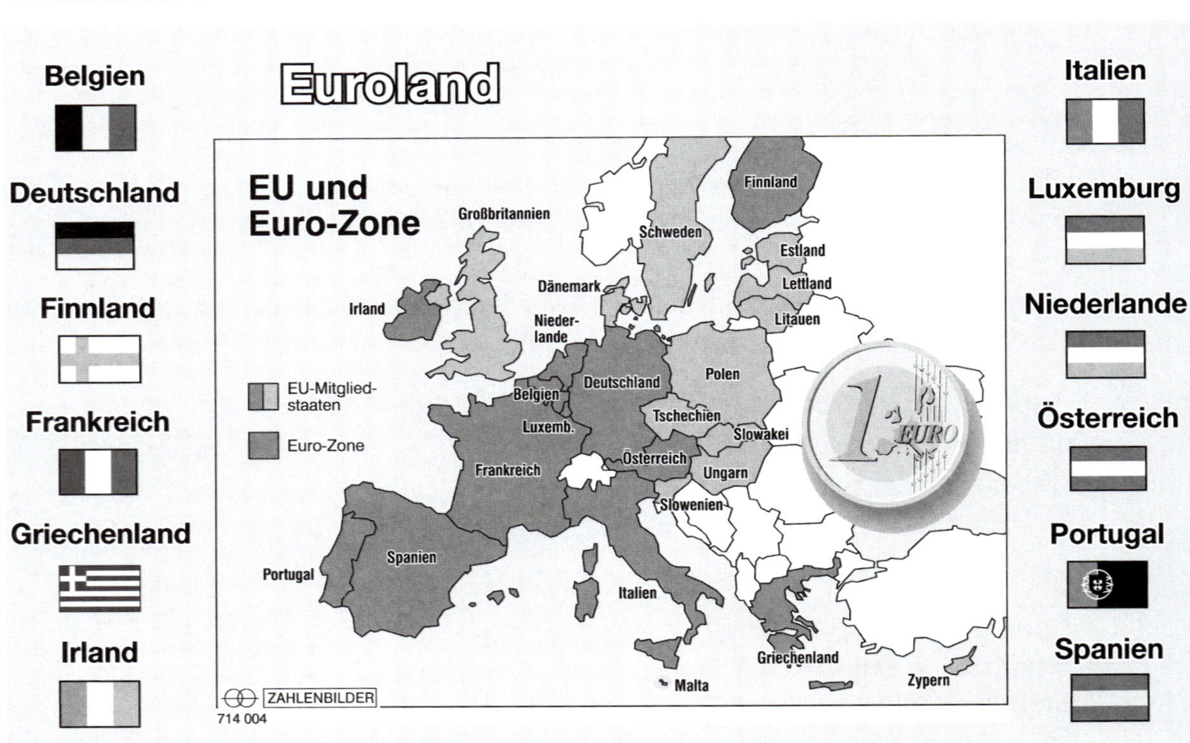

Beispiel

Überweisung

Dieses Feld ist entscheidend:
EUR

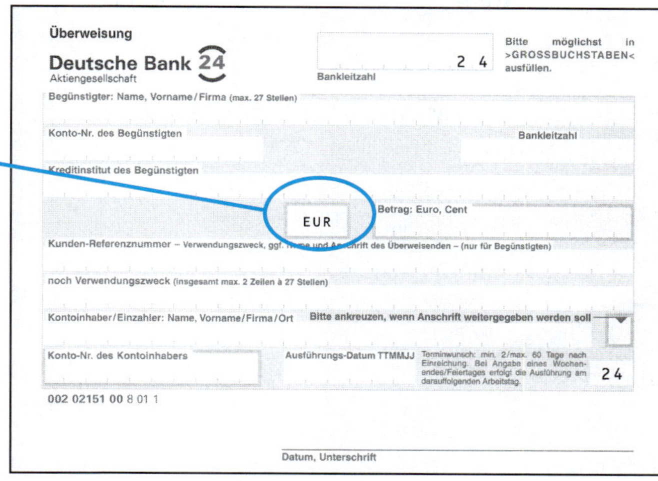
Überweisung
Deutsche Bank 24
Aktiengesellschaft
Bankleitzahl 2 4
Bitte möglichst in >GROSSBUCHSTABEN< ausfüllen.
Begünstigter: Name, Vorname/Firma (max. 27 Stellen)
Konto-Nr. des Begünstigten
Bankleitzahl
Kreditinstitut des Begünstigten
EUR
Betrag: Euro, Cent
Kunden-Referenznummer – Verwendungszweck, ggf. Name und Anschrift des Überweisenden – (nur für Begünstigten)
noch Verwendungszweck (insgesamt max. 2 Zeilen à 27 Stellen)
Kontoinhaber/Einzahler: Name, Vorname/Firma/Ort
Bitte ankreuzen, wenn Anschrift weitergegeben werden soll
Konto-Nr. des Kontoinhabers
Ausführungs-Datum TTMMJJ
Terminwunsch: min. 2/max. 60 Tage nach Einreichung. Bei Angabe eines Wochenendes/Feiertages erfolgt die Ausführung am darauffolgenden Arbeitstag.
2 4
002 02151 00 8 01 1
Datum, Unterschrift

- Beim Umtauschen von € in eine andere Währung wird nach einem bestimmten Kurs der Wert errechnet, den man in der fremden Währung erhält. Der Kurs ist der Preis für fremde Währungen.

- Man unterscheidet aus Sicht der Bank den Kurs für

  Verkauf ➔ Die Bank verkauft dem Kunden eine Währung, z. B. vor Beginn einer Reise. (Der Kunde kauft diese ausländische Währung an.) Der Verkaufskurs ist immer der höhere Kurs.

  Ankauf ➔ Die Bank kauft vom Kunden eine Währung an, z. B. nach Ende einer Reise. (Der Kunde verkauft diese ausländische Währung.) Der Ankaufskurs ist immer der niedrigere Kurs.

- Wenn die Banken Auslandswährung tauschen (auch Eintausch genannt), ist dies eine Dienstleistung, die etwas kostet.

- Bei ausländischen Zahlungsmitteln unterscheidet man **Devisen** und **Sorten.**

  Devisen sind bargeldlose ausländische Zahlungsmittel (z. B. Schecks, Überweisungen, Wechsel).

  Noten **(Bargeld)** nennt man ausländisches Bargeld (z. B. Münzen und Scheine). Sie werden am Bankschalter oder im Automaten gewechselt.

- Der Kurs innerhalb der EWU (Europäische Währungsunion) steht als feste Größe fest. Ihn nennt man **Umrechnungskurs.**

- Die Kurse außerhalb der EWU (z. B. USA) heißen **Wechselkurse.**
  Die Wechselkurse sind keine Einheitswerte mehr, sondern sog. Referenzkurse, die jede Bank oder Sparkasse täglich anhand eines „Leitwertes" um 13.00 h individuell festlegt. Auch hier sollte man zukünftig erst Angebote einholen, ehe ein Umtausch gemacht wird.

Sortenkurse Stand: 25.02.2004 Für 1 €

Währung	Kürzel	erhalten Sie:	zahlen Sie:
Ägyptisches Pfund	EGP	7,5055	8,8397
Australischer Dollar	AUD	1,5730	1,6930
Bulgarischer Lew	BGL	1,8966	2,0288
Britisches Pfund	GBP	0,6590	0,6890
Dänische Krone	DKK	7,2767	7,4972
Japanischer Yen	JPY	132,8000	138,8000
Israelischer Neuer Schekel	ILS	4,8789	6,9274
Kanadischer Dollar	CAD	1,6405	1,7285
Norwegische Krone	NOK	8,6934	8,7992
Ostkaribischer Dollar	XCD	2,9612	4,1069
Polnischer Zloty	PLN	4,7487	4,9357
Russischer Rubel	RUB	32,4728	38,4157
Schwedische Krone	SEK	9,0545	9,2262
Schweizer Franken	CHF	1,5470	1,6090
Slowakische Krone	SKK	39,5751	41,1333
Sri Lanka Rupie	LKR	96,7960	165,0709
Südafrika Rand	ZAR	6,8452	9,5292
Thailand Bath	THB	44,5672	58,3805
Tschechische Krone	CZK	30,5989	33,8361
Türkische Lira	TRL	1 602 564	1 709 402
US-Dollar	USD	1,2629	1,2629

Merke

Umrechnen von € in ausländische Währung:

- Kurs für eine Einheit ausländischer Währung ist angegeben:

  Betrag · Kurs $\hat{=}$ Betrag in ausländischer Währung

Beispiel

Für eine Reise in die Schweiz werden 230,00 € in CHF umgetauscht. (CHF werden gekauft)
Wie viel CHF erhält man dafür?

Lösung

Kurs 1 € $\hat{=}$ 1,5470 CHF

Für 230,00 € bekommt man:

$230{,}00 \cdot 1{,}5470 \hat{=} 355{,}81$ CHF

Man erhält 355,81 CHF

Merke

Umrechnen von ausländischer Währung in €:

- Kurs für eine Einheit ausländischer Währung ist angegeben:

  $$\frac{\text{Auslandswährung}}{\text{Kurs}} \hat{=} €$$

- Mit allen Dezimalstellen des Kurswertes rechnen – und das Ergebnis auf zwei Stellen runden!

Beispiel

Wir bringen von einer Reise in die Schweiz 371,20 CHF zurück. (CHF werden verkauft)
Wie viel € erhält man dafür?

Lösung

Kurs 1 € $\hat{=}$ 1,6090 CHF

Dies bedeutet:

$$1 \text{ CHF} \hat{=} \frac{1}{1{,}6090} \hat{=} 0{,}6215 € \approx 0{,}62 €$$

$$\frac{371{,}20 \text{ CHF}}{1{,}6090} \hat{=} 230{,}702 \approx 230{,}70 €$$

oder $371{,}20 \text{ CHF} \cdot 0{,}6215 \hat{=} 230{,}70 €$

(Die geringfügige Abweichung ist durch Rundungsdifferenzen entstanden!)

Währungsrechnung

Aufgaben

1 Rechne 100,00 € in Auslandswährung um:

USD	SKK	GBP	ILS
PLN	AUD	DKK	TRL
CHF	CAD	JPY	

2 Für eine Urlaubsreise werden 250,00 € umgewechselt.
Wie viel:

CHF USD GBP

erhältst du?

3 In einem Geschäft ist ein Notebook für 1 999,00 € ausgestellt.
Wie viel CHF entspricht dies?

4 Erkläre die Abkürzungen:

AUD	GBP	JPY
EGP	TRL	USD

5 Erkundige dich bei der Bank oder Sparkasse nach den aktuellen Kursen der Tabelle auf Seite 60.

6 Vergleiche die aktuellen Kurse mit den in diesem Buch angegebenen Kursen.

7 Ein Allesschneider kostet 178,50 €. Wie viel CHF entspricht dies?

8 Frau Huber möchte in Basel 300,00 € in CHF umtauschen. Wie viel CHF erhält sie?

9 Ein Kombikinderwagen wird mit 298,00 € angeboten. Wie viel GPB entspricht dies?

10 Du tauschst 189,00 € um. Wie viel erhältst du in folgenden Währungen:
Kanadischer Dollar,
Slowakische Krone,
Australischer Dollar,
Britisches Pfund,
Japanischer Yen,
Türkische Lira,
US-Dollar,
Schweizer Franken,
Dänische Krone,
Norwegische Krone,
Schwedische Krone?

Aufgaben

11 Du machst eine Schiffsreise von Hamburg über Gibraltar durch das Mittelmeer und zurück über London nach Hamburg.
In folgenden Städten, in denen das Schiff zu einem kurzen Aufenthalt anlegt, kaufst du dir Reiseandenken und Mitbringsel:
- in Gibraltar für 2,50 GBP,
- in Athen für 25,95 €,
- in Istanbul für 1 240 000 TRL,
- auf der Halbinsel Krim (Ferienparadies Russland) für 2 730,00 RUB,
- in Haifa (Israel) für 650,00 ILS,
- in Alexandria (Ägypten) für 476,00 EGP und
- in London für 32,00 GBP.

Wie viel Geld hast du insgesamt für Andenken und Mitbringsel ausgegeben (in €)?

12 Du machst eine Weltreise mit dem Flugzeug von Berlin über die Ostroute nach Wladiwostok (Russland), weiter nach Miami, weiter nach Vancouver, zurück nach Berlin.
Bei jeder Zwischenlandung in den genannten Städten erwirbst du dir ein kleines Andenken:
- in Tokio für 1 170 JPY,
- in Miami für 13,50 USD,
- in Vancouver für 14,30 CAD und
- in Berlin zum Abschluss für 36,75 €.

Wie viel € hast du auf der Reise für Andenken ausgegeben?

13 Von einer Reise nach Ägypten werden 211,64 EGP zurückgebracht. Wie viel € erhältst du dafür?

14 Du vergleichst Preise. Ein Gegenstand ist in Kanada mit 91,52 CAD ausgezeichnet, in Deutschland mit 74,00 €. Wie viel € entspricht der kanadische Preis?

15 Vergleiche die Preise von Zeitschriften:
a) in Deutschland 1,65 €, in der Schweiz 3,20 CHF,
b) in Deutschland 2,97 €, in der Schweiz 5,80 CHF,
c) in Deutschland 5,00 €, in der Schweiz 9,80 CHF,
Welchem €-Preis entspricht dies jeweils?

16 Eine Lederjacke wurde in England von 186,00 GBP auf 175,00 GBP herabgesetzt.
a) Wie hoch ist der ursprüngliche Preis in €?
b) Wie hoch ist der reduzierte Preis in €?
c) Wie viel € ist der Preisnachlass?

Begriffe

• Grundwert →	G →	das Ganze →	≙ 100 %
• Prozentsatz →	p % →	Teile von 100 →	≙ %
• Prozentwert →	P →	Teile des Grundwertes →	Teile des Ganzen

- 2 Größen müssen bekannt sein, damit die dritte berechnet werden kann.
- Prozentrechnungen sind Dreisatzrechnungen:
  zuerst dividieren (teilen), dann multiplizieren (malnehmen) €

Beispiel

1 %	von	**700,00 €**	sind	**7,00 €**
Prozentsatz		Grundwert		Prozentwert

- Der Grundwert hat als Prozentsatz 100 %.
- Wenn wir 1 % brauchen, müssen wir das Ganze durch 100 dividieren (teilen).
- Wenn der Prozentsatz höher als 1 % ist (z. B. 5 %), müssen wir erst durch 100 (= 1 %) teilen, dann mit der Prozentzahl malnehmen (z. B. bei 5 % mal 5).

Lösung

100 % von 700,00 € ≙ 700,00 €

1 % von 700,00 € ≙ 700,00 € : 100 = 7,00 €

5 % von 700,00 € ≙ 700,00 € : 100 · 5 = 35,00 €

Auf dem Bruchstrich: ≙ $\frac{700{,}00\text{ €} \cdot 5}{100} = 35{,}00\text{ €}$

Aufgaben

1 a) 1 % von 270,00 €
b) 1 % von 7,75 m Stoff
c) 1 % von 25,000 kg Zucker
d) 1 % von 23 m Band
e) 1 % von 2,98 €
f) 1 % von 350 Schülern

2 a) 25 % von 22,000 kg
b) 12 % von 777,75 m
c) 15 % von 3 775,00 €
d) 14 % von 798,00 €
e) 28 % von 633,00 €

Hinweise

- **Grundwert und Prozentsatz sind bekannt – der Prozentwert kann berechnet werden.**
- **Grundwert durch 100 teilen,
  mit dem Prozentsatz malnehmen**
- **Formel:** $\text{Prozentwert} = \dfrac{\text{Grundwert} \cdot \text{Prozentsatz}}{100}$

Beispiel

Du kaufst eine Waschmaschine im Großhandel zu 450,00 €. Du musst noch 16 % Umsatzsteuer dazurechnen. (Großhandelspreise sind Nettopreise. Die Umsatzsteuer wird aufgeschlagen.) – Wie teuer ist die Maschine?

Grundwert	≙	450,00 €
Prozentsatz	≙	16 %
Prozentwert	≙	x

Lösungsweg 1

100 %	≙	450,00 €
1 %	≙	450,00 € : 100
16 %	≙	450,00 € : 100 · 16 = 72,00 €

Lösungsweg 2 (auf dem Bruchstrich)

$$x = \frac{450{,}00 \cdot 16}{100} = 72{,}00\ €$$

Du musst

  450,00 €
\+ 72,00 €
= 522,00 € bezahlen.

Aufgaben

1 Du kaufst als Ergänzung zu deinem Geschirr noch Teile im Großhandel:

4 flache Teller je	6,75 €
3 Suppentassen je	13,90 €
5 Kaffeetassen je	8,90 €

a) Wie hoch ist der Nettopreis der Bestellung?

b) Im Großhandel ist die Umsatzsteuer von 16 % noch aufzuschlagen.
Wie viel muss bezahlt werden?

Aufgaben

2 a) Wie viel sind 6 % von 490,00 €?
b) Wie viel sind 27 % von 720,000 km?

3 Der Schälverlust bei Kartoffeln beträgt 30 %.
Wie viel kg geschälte Kartoffeln erhält man aus:
a) 5 kg Kartoffeln
b) 12 kg Kartoffeln
c) 40 kg Kartoffeln
d) 2,5 kg Kartoffeln

4 Beim Schälen von Äpfeln tritt ein Schälverlust auf.
Wie viel kg beträgt der Schälverlust:
a) 1,5 kg Äpfel – Schälverlust 9 %
b) 2,3 kg Äpfel – Schälverlust 12,5 %
c) 4,0 kg Äpfel – Schälverlust 8,5 %

5 Brot hat einen hohen Wassergehalt.
Wie viel Wasser ist in 1 kg Brot, wenn der Wassergehalt 35 % beträgt?

6 Beim Braten verliert Fleisch an Gewicht.
Wie viel bleibt von 2 kg Braten, wenn der Gewichtsverlust 26 % beträgt?

7 Ein Kleid ist zu 138,00 € ausgestellt.
Der Preisnachlass beträgt 5 %.
a) Wie viel € sind das?
b) Wie viel kostet das Kleid nun?

8 Eine Kaffeemaschine wurde um 15 % im Preis gesenkt. Bisher kostete sie 43,00 €.
Wie viel kostet sie nun?

9 Im Hotel „Adler" werden 15 kg Rindfleisch gebraten.
Man rechnet mit 31 % Bratverlust.
Wie viel kg Braten erhält man?

10 Bei fettem Schweinefleisch (z. B. Schulter) ist der Bratverlust höher. Er wird mit 41 % angesetzt.
Wie viel kg Braten erhält man aus 2,300 kg Fleisch?

Hinweise

Wir können zur Berechnung des Prozentwertes Rechenvorteile nutzen.

- Sollen wir 50 % von 27,000 kg rechnen, ist es leichter, : 2 zu rechnen.
- 50 % = $\frac{1}{2}$
- 50 % von 27,000 kg = 27,000 kg : 2 = 13,500 kg
- Nicht alle Prozentsätze sind leicht zu merken.
  Hier die leichtesten:

1 %	=	$\frac{1}{100}$	5 %	=	$\frac{1}{20}$	25 %	=	$\frac{1}{4}$
2 %	=	$\frac{1}{50}$	10 %	=	$\frac{1}{10}$	50 %	=	$\frac{1}{2}$
4 %	=	$\frac{1}{25}$	20 %	=	$\frac{1}{5}$	75 %	=	$\frac{3}{4}$

Aufgaben

1 Berechne:

a) 1 % von 400,00 €
b) 4 % von 400,00 €
c) 5 % von 400,00 €
d) 10 % von 400,00 €
e) 20 % von 200,00 €
f) 25 % von 200,00 €
g) 50 % von 200,00 €
h) 75 % von 200,00 €

2 Von einer Rechnung über 375,00 € können wir 12 % Rabatt abziehen.

a) Wie viel beträgt der Rabatt?
b) Wie viel müssen wir bezahlen?

3 Der Preis für die Urlaubsreise zu 460,00 € wurde um 5,5 % erhöht.

a) Wie viel € beträgt die Erhöhung?
b) Wie viel € beträgt der neue Preis?

4 Eine Warensendung wiegt 35,750 kg brutto. Die Verpackung (= Tara) beträgt 3 %.
Wie viel ist das Nettogewicht?

5 Berechne das Nettogewicht:

a) Brutto 2 kg – Tara 2,5 %   b) Brutto 1,3 kg – Tara 7 %.

Hinweise

- **Grundwert und Prozentwert sind bekannt.**
- **Prozentsatz kann berechnet werden, indem man den Prozentwert mit 100 multipliziert (malnimmt) und durch den Grundwert dividiert (teilt).**
- **Formel:** $\text{Prozentsatz} = \dfrac{\text{Prozentwert} \cdot 100}{\text{Grundwert}}$

Beispiel

Eine Küchenmaschine ist für 425,00 € ausgezeichnet. Es wird ein Preisnachlass von 63,75 € gewährt. Wie viel % sind dies?

- Grundwert ≙ 425,00 €
  Prozentwert ≙ 63,75 €
  Prozentsatz ≙ x

Lösung

425,00 € ≙ 100 %
63,75 € ≙ x

$$x = \frac{63{,}75\ € \cdot 100}{425{,}00\ €} = 15\ \%$$

Aufgaben

1 Die Miete beträgt 435,00 €. Sie wird um 65,25 € erhöht.

Wie viel % beträgt die Steigerung?

2 Dein Urlaubsquartier hat im letzten Jahr 29,00 € je Nacht gekostet. In diesem Jahr kostet es 1,74 € mehr.

Wie viel % beträgt die Erhöhung?

3 Eine Schule hat 520 Schüler.

75 in der Ausbildung Hauswirtschaft,
87 im Hotel- und Gaststättengewerbe,
220 im Verkauf,
138 im Bereich Metall.

Wie viel % sind dies jeweils?

Aufgaben

4 Nach den Weihnachtstagen werden Lebkuchen reduziert.
Die Packung zu 7,80 € wird um 2,00 € reduziert,
die Packung zu 9,75 € wird zu 8,50 € und
die Packung zu 10,90 € zu 8,95 € verkauft.
Wie viel % beträgt der Preisnachlass jeweils?

5 Der bisherige Verdienst je Stunde betrug 6,50 €. Nach einer Erhöhung beträgt er 7,00 €.
a) Wie viel € betrug die Gehaltserhöhung?
b) Wie viel % betrug die Gehaltserhöhung?
c) Wie viel € beträgt der Verdienst pro Arbeitstag in 8 Stunden?
d) Wie hoch ist der Verdienst in der Woche bei 5 Arbeitstagen?

6 Pullover wurden zu einem Stückpreis von 50,50 € eingekauft, zu 60,75 € verkauft.
a) Um wie viel % lag der Verkaufspreis höher?
b) Wie viel € war der Verkaufspreis höher?

7 Durch die Zubereitung verlieren Lebensmittel an Gewicht.
Wie viel % beträgt der Gewichtsverlust jeweils?

	Gewicht	Gewichtsverlust
a)	750 g	140 g
b)	1 400 g	280 g
c)	2,5 kg	0,5 kg
d)	3 000 g	395 g
e)	5 kg	995 g
f)	6,4 kg	0,895 kg

8 Rollerblades wurden von 149,00 € auf 74,50 € heruntergesetzt.
Wie viel % sind das?

9 Socken kosten im Einzelpack 4,50 €. Der Fünfer-Pack kostet 22,50 €.
Wie viel % werden dadurch gespart?

10 Kleintierstreu wird in der 10-Liter-Packung zu 0,35 € verkauft. In der Großpackung sind 56 Liter für 1,75 €.
Wie viel % ist die Großpackung billiger?

11 Weichspüler-Konzentrat kostet in der Originalpackung 1,99 €, im Nachfüllkarton 1,15 €.
Wie viel % sind gespart?

Hinweise

- Unterscheide:
  - vermehrter Grundwert und
  - verminderter Grundwert
- Beim vermehrten Grundwert ist der Grundwert höher als 100 % – bestimmte Beträge sind bereits zugerechnet.
- Beim verminderten Grundwert ist der Grundwert kleiner als 100 % – bestimmte Beträge sind bereits abgezogen.
- Formel: Grundwert = $\frac{\text{Prozentwert} \cdot 100}{\text{Prozentsatz}}$

Beispiel

Vermehrter Grundwert

Der Stundenlohn einer Küchenhilfe wird um 2 % erhöht. Er beträgt nun 7,75 €.
Wie viel hat die Hilfe vor der Lohnerhöhung verdient?

Lösung

102 %	=	7,75 €	=	vermehrter Grundwert	=	neuer Stundenlohn
100 %	=	x €	=	Grundwert	=	alter Stundenlohn

$$x = \frac{100 \cdot 7{,}75}{102} = 7{,}598 \approx 7{,}60\ € \text{ (aufrunden)}$$

Die Hilfe hat vor der Lohnerhöhung 7,60 € verdient.

Beispiel

Verminderter Grundwert

Eine Kaffeemaschine kostet heute 44,50 €. Der Preis wurde vor 3 Wochen um 12 % gesenkt.
Wie teuer war die Maschine vor 3 Wochen?

Lösung

88 %	=	44,50 €	=	verminderter Grundwert	=	neuer Preis
100 %	=	x €	=	Grundwert	=	alter Preis

$$x = \frac{100 \cdot 44{,}50}{88} = 50{,}568\ € \approx 50{,}57\ € \text{ (aufrunden)}$$

Die Kaffeemaschine kostete vor 3 Wochen noch 50,57 €.

Merke

- Grundwert ≙ 100 %
- Berechnungen erfolgen mit Dreisatzberechnung
- vermehrter Grundwert ≙ Grundwert + Prozentwert
- verminderter Grundwert ≙ Grundwert − Prozentwert

Aufgaben

1 Berechne:

a) 12,0 % von 720,00 €
b) 3,0 % von 2 350,00 €
c) 60,5 % von 155,00 €
d) 2,0 % von 63,70 €

2 In einer Klasse fehlen im Durchschnitt 3 Schüler. Dies sind 12 % der Klasse.
Wie groß ist die Klasse?

3 Im Schlussverkauf wurde ein Teppich um 12 % reduziert, d. h. um insgesamt 98,00 €.
Wie teuer war der Teppich vor dem Ausverkauf?

4 Wieviel % sind:

a) 2,00 € von 25,00 €
b) 6,25 € von 140,00 €
c) 4 Schüler von 28 Schülern
d) 500 g von 2 000 g
e) 500 g von 1 kg
f) 250 g von 1 000 g

5 Preise wurden gesenkt. Wie hoch war der alte Preis?

a) Verminderter Preis: 130,00 € Preissenkung: 10 %
b) Verminderter Preis: 1 350,35 € Preissenkung: 12 %
c) Verminderter Preis: 310,40 € Preissenkung: 15 %

6 Der Preis für Waschpulver wurde erhöht. Es müssen 7 % mehr bezahlt werden.
Jetzt kostet die Packung mit 5 kg 10,85 €.
Wie hoch war der alte Preis?

7 Die Tariferhöhung betrug 3,5 %. Eine Angestellte erhält nun 1 340,00 €.
Wie hoch war ihr Gehalt vor der Erhöhung?

Rabatt / Skonto

Merke

Rabatt ist ein Preisnachlass.

- Personalrabatt → Preisnachlass für Mitarbeiter eines Betriebes
- Mengenrabatt → Preisnachlass bei Abnahme größerer Mengen (die Höhe ist oft nach der Abnahmemenge gestaffelt)
- Sonderrabatt → Preisnachlass für Stammkunden
- Rabatt wird vom Warenwert abgezogen, bevor die Mehrwertsteuer hinzukommt.
- Rabatt wird meist in % (Prozent) ausgewiesen.

Merke

Skonto ist ein Preisnachlass,

der bei Bezahlung innerhalb einer bestimmten Frist gewährt wird.

- **Skonto wird in % (Prozent) – meist 2 % oder 3 % – abgezogen.**
- **Skonto wird immer vom Bruttobetrag berechnet.**
- **Beim Vermerk „Zahlung rein netto" darf kein Skonto abgezogen werden.**

Beispiel: Rechnung vom 1. 6. – Bezahlung innerhalb 10 Tagen 3 % Skonto, Ziel 30 Tage.

Skonto 3 %	rein netto
1. 2. 3. 4. 5. 6. 7. 8. 9. 10.	11. 12. bis 30.

- **Wenn irgend möglich, Skonto ausnutzen!**

Beispiel

Der Listenpreis einer Stofflieferung beträgt 712,00 €. Der Kunde erhält einen Sonderrabatt von 10 % und bei Bezahlung innerhalb von 7 Tagen 3 % Skonto.

a) Berechne den Barzahlungsbetrag.

b) Berechne die Ersparnis.

Lösung

a)

Warenwert (Listenpreis)	712,00 €
– Rabatt 10 %	71,20 €
Rechnungsbetrag	640,80 €
– Skonto 3 %	19,22 €
Barzahlungsbetrag	621,58 €

b)

Listenpreis	712,00 €
– Barzahlungspreis	621,58 €
Ersparnis	90,42 €

Aufgaben

1 Eine Verkäuferin erhält 10 % Personalrabatt.
Wie viel muss sie für die Handtasche, die mit 45,95 € ausgezeichnet ist, bezahlen?

2 Im Sommerschlussverkauf ist der Badeanzug von 35,50 € um 15 % reduziert.
Wie viel kostet er jetzt?

3 Eine Küchenmaschine zu 230,00 € wird um 20 % reduziert.
Wie viel muss jetzt bezahlt werden?

4 Für Küchengeräte beträgt der Listenpreis 1 775,00 €.
Es wird ein Messerabatt von 8 % gewährt. Bei Bezahlung innerhalb von 14 Tagen werden 3 % Skonto gewährt.

a) Wie viel muss bei Ausnutzung des Preisnachlasses gezahlt werden?
b) Wie viel € beträgt die Ersparnis?

5 Berechne die Ersparnis durch Ausnutzung von Skonto:

	Artikel	Rechnungspreis	Skonto
a)	Arbeitstisch	368,50 €	2 %
b)	Waschmaschine	425,75 €	3 %
c)	Kaffeemaschine	40,50 €	2 %

6 Der Großhändler A bietet Fruchtsaft zu 0,65 €/l an.
B hat ihn für 0,70 €/l ausgezeichnet, bietet aber bei Abnahme im Karton 20 % Rabatt.

a) Wie viel muss bei A für 100 Flaschen bezahlt werden?
b) Wie viel kostet die gleiche Menge bei B?

7 Ein Teppich kostet 887,50 €. Bei Bezahlung innerhalb von 14 Tagen werden 3 % Skonto gewährt.

a) Wie viel € können gespart werden?
b) Wie viel muss bei Ausnutzung von Skonto bezahlt werden?

8 Für eine Küchenzeile sind 850,00 € zu bezahlen. Die Firma A gewährt 20 % Rabatt.
Die Konkurrenz B verkauft die gleiche Küchenzeile mit 15 % Rabatt und gewährt 2,5 % Skonto bei Barzahlung.
Wie viel ist jeweils zu bezahlen?

9 Nach Abzug von 3 % Skonto bezahlte Frau Huber für ihre Waschmaschine 475,00 €.
Berechne den Preis ohne Skontoabzug.

Berechnungen können sein:

- Berechnung von Durchschnittswerten – Mischungswerten
- Berechnung von Verteilungsmengen

Merke

Durchschnittsberechnung – Mischungsrechnung

- Verschiedene Zutaten, Sorten usw. werden miteinander gemischt.
- Eine bestimmte Anzahl von Messwerten wird verwendet, z. B. kann man den Preis einer Mischung aus verschiedenen Zutaten berechnen.

Beispiel

Eine Bedienung erhält Trinkgelder: Montag: 11,50 €, Dienstag: 11,75 €, Mittwoch: 8,75 €, Donnerstag: 6,15 €, Freitag: 8,60 €.

Wie viel erhält sie im Durchschnitt?

Lösung

Summe der Werte (€) ≙ 46,75 €
Anzahl der Werte (Tage) ≙ 5

$$\text{Durchschnitt} = \frac{\text{Summe der Werte}}{\text{Anzahl der Werte}}$$

$$\text{Durchschnitt} = \frac{46{,}75\ €}{5} = 9{,}35\ €$$

Merke

Durchschnitts- oder Mischpreis

- Bei Mischung verschiedener Zutaten mit unterschiedlichen Preisen errechnen wir den Durchschnittspreis.

Beispiel

Für eine Obstmischung werden gekauft:

Rhabarber	0,750 kg zu	1,40 €/kg
Äpfel	1,500 kg zu	1,12 €/kg
Erdbeeren	1,750 kg zu	1,82 €/kg

Wie viel kostet 1 kg der Obstmischung im Durchschnitt?

Lösung

Rhabarber	0,750 kg zu	1,40 €/kg	=	1,05 €
Äpfel	1,500 kg zu	1,12 €/kg	=	1,68 €
Erdbeeren	1,750 kg zu	1,82 €/kg	=	3,19 €
	4,000 kg kosten			5,92 €
	1,000 kg kostet	5,92 € : 4	=	1,48 €

$$\text{gewogener Durchschnitt} = \frac{\text{Gesamtwert}}{\text{Gesamtmenge}}$$

Merke

Rechenschritte:

- **1. Gesamtpreis für jede Sorte ermitteln!**
- **2. Gesamtmenge und Gesamtpreis ermitteln!**
- **3. Von Gesamtmenge und Gesamtpreis auf den Preis einer bestimmten Menge, z. B. 1 kg, 100 g, usw., schließen!**

Aufgaben

1 Der Gesamtverbrauch von Semmeln verteilt sich wie folgt:
Montag: 25 Stück – Dienstag: 20 Stück – Mittwoch: 32 Stück – Donnerstag: 17 Stück – Freitag: 22 Stück – Samstag: 35 Stück
Wie hoch ist der durchschnittliche Verbrauch?

2 Für eine Aufschnittplatte werden verwendet:

200 g Bierschinken	100 g zu 0,74 €	350 g gekochter Schinken	100 g zu 1,23 €
150 g roher Schinken	100 g zu 1,24 €	300 g Salami	100 g zu 1,33 €

a) Wie hoch ist der Gesamtpreis?
b) Wie hoch ist die Gesamtmenge?
c) Wie hoch ist der Durchschnittspreis je 100 g?

3 Für einen Gebäckteller werden Zimtsterne und Anisplätzchen zu gleichen Teilen verwendet.
100 g Zimtsterne kosten 1,90 € — 100 g Anisplätzchen kosten 1,45 €
Wie viel kostet 1 kg der Mischung?

4 Im Ausverkauf erstehen wir verschiedene Gläser:

12 Stück je 1,95 €	9 Stück je 3,40 €
24 Stück je 2,40 €	20 Stück je 0,55 €

Was kostet 1 Glas im Durchschnitt?

Aufgaben

5 Pralinen werden gemischt:
Nougatpralinen je 100 g 2,10 €; Mandelecken je 100 g 2,95 €; Nussecken je 100 g 1,45 €
a) Wie teuer sind 100 g der Mischung?
b) Wie teuer sind 250 g der Mischung?
c) Wie teuer sind 1 kg der Mischung?

6 Verschiedene Nähgarne werden im Sortiment verkauft:
Rolle A kostet 2,20 €, Rolle B kostet 3,50 €,
Rolle C kostet 1,95 € und Rolle D kostet 4,45 €.
Was kostet eine Rolle im Durchschnitt?

Merke

Verteilungsrechnung

- **Verteilungsrechnung wird angewandt, wenn Güter, Geldbeträge usw. nach bestimmten Anteilen aufgeteilt werden.**
- **Verteilungsrechnung ist eine Verhältnisrechnung.**
- **Verteilt werden können z. B.:**
  - **Kosten**
  - **Gewinne**
  - **Lohnanteile**
- **Die Anteile können angegeben werden in:**
  - **absoluten Zahlen, z. B. Stückzahlen (z. B. Kurt Müller erhält 6 Stück)**
  - **Prozentzahlen (z. B. Kurt Müller erhält 10 %)**
  - **Bruchteilen (z. B. Kurt Müller erhält $\frac{1}{4}$)**
  - **Verhältniszahlen (z. B. es wird im Verhältnis 1 : 3 verteilt)**

Beispiel

Absolute Zahlen

Drei Freundinnen kaufen gemeinsam Pflanzen ein. Sabine kauft 18 Stück, Ulrike kauft 14 Stück, Hanne kauft 8 Stück. Die gesamten Pflanzen kosten 96,00 €.
Wie viel hat jede der Freundinnen zu zahlen?

Lösung

Sabine kauft	18 Stück
Ulrike kauft	14 Stück
Hanne kauft	8 Stück

→

40 Stück kosten	96,00 €
1 Stück kostet	96,00 € : 40 = 2,40 €

Sabine zahlt	18 · 2,40 € = 43,20 €
Ulrike zahlt	14 · 2,40 € = 33,60 €
Hanne zahlt	8 · 2,40 € = 19,20 €

Beispiel

Prozentzahlen

Ein Gewinn von 350,00 € wird zwischen 3 Freunden verteilt.
A erhält 20 %, B erhält 35 %, C erhält den Rest.

Lösung

A erhält 20 %
B erhält 35 %

55 %

C erhält 100 % − 55 % = 45 %

100 % ≙ 350,00 €
1 % ≙ 350,00 € : 100 = 3,50 €

A erhält	20 %	·	3,50 €	=	70,00 €
B erhält	35 %	·	3,50 €	=	122,50 €
C erhält	45 %	·	3,50 €	=	157,50 €
	100 %				350,00 €

Beispiel

Bruchteile

Drei Personen teilen sich einen Gewinn von 350,00 €.
A erhält $\frac{1}{4}$; B erhält $\frac{1}{2}$ und C erhält den Rest. Wie viel € erhält jeder?

Lösung

A erhält $\frac{1}{4}$ ≙ 1 Teil
B erhält $\frac{1}{2} = \frac{2}{4}$ ≙ 2 Teile

3 Teile

C erhält (4 Teile – 3 Teile) = 1 Teil ($\frac{1}{4}$)

$\frac{4}{4}$ ≙ 4 Teile = 350,00 €
1 Teil = 350,00 € : 4 = 87,50 €

A erhält	1 Teil	=	87,50 €
B erhält	2 Teile	=	175,00 € (2 · 87,50 €)
C erhält	1 Teil	=	87,50 €
	4 Teile	=	350,00 €

Beispiel

Verhältniszahlen

Drei Personen teilen sich einen Gewinn von 350,00 € im Verhältnis 2 : 4 : 3.
Wie viel € erhält jeder?

Lösung

A =	2 Teile						
B =	4 Teile						
C =	3 Teile						
	9 Teile	≙	350,00 €				
	1 Teil	≙	350,00 € : 9	=	38,888 € ≈ 38,89 €	(aufrunden)	
A erhält	2 Teile	≙	2 · 38,89 €	=	77,78 €		
B erhält	4 Teile	≙	4 · 38,89 €	=	155,56 €		
C erhält	3 Teile	≙	3 · 38,89 €	=	116,67 €		
	9 Teile			=	350,01 €		

Aufgaben

1 Verteile 15 000,00 € im Verhältnis 2 : 1 : 3.

2 Erben verkaufen ein Haus zu 225 000,00 €.
Wie viel erhält jeder, wenn der Erlös zu 25 %, 30 %, 20 % und 25 % verteilt werden soll?

3 Ein Geschäft macht einen Gewinn von 36 000,00 €. Dieser soll im Verhältnis 2 : 1 : 4 verteilt werden. Wie viel € erhält jeder?

4 Ein Gewinn von 12 500,00 € soll nach den Geschäftseinlagen verteilt werden.
A hat eine Einlage von 8 000,00 €,
B hat eine Einlage von 7 500,00 €,
C hat eine Einlage von 12 500,00 € gemacht.

Wie viel erhält jeder vom Gewinn?

5 Unter den Auszubildenden verteilt der Chef eine Sonderprämie von 2 500,00 €.
Als Verhältnisschlüssel legt er fest:
A $\frac{1}{8}$, B $\frac{1}{8}$, C $\frac{1}{4}$, D $\frac{1}{2}$.

Wie viel € erhält jeder?

Aufgaben

6 Drei Schüler bestellen aus einem Katalog gemeinsam:
Heike für 38,50 €, Ursula für 55,00 € und Doris für 76,20 €.
Die Versandkosten betragen 9,50 € und werden anteilig umgelegt.
Wie viel muss jeder bezahlen?

7 Mürbeteig besteht aus Zucker, Butter, Mehl im Verhältnis 1 : 2 : 3.
Die Mehlmenge beträgt 1,5 kg.
Welche Menge wird von den anderen Zutaten benötigt?

8 Für ein kaltes Büffet werden kalte Platten im Gewicht von 4 kg zusammengestellt.
Sie sollen aus 2 Teilen Rinderzunge, 2 Teilen Parmaschinken, 4 Teilen Schweinebraten, 4 Teilen Roastbeaf bestehen.
Wie viel Gramm werden von jeder Sorte verwendet?

9 Eine Hausfrau führt ein Haushaltsbuch.
Für Lebensmittel verbraucht sie im

Januar	265,85 €,	im Februar	300,60 €,	im März	265,50 €,
im April	280,70 €,	im Mai	269,90 €,	im Juni	276,20 €,
im Juli	321,20 €,	im August	274,60 €,	im September	280,00 €,
im Oktober	276,20 €,	im November	278,65 €,	im Dezember	289,95 €.

Wie hoch waren die durchschnittlichen Monatsausgaben?

10 Für eine Gemüsemischung werden folgende Frischgemüse gemischt:

12 kg Karotten	je kg	0,80 €
15 kg Kartoffeln	je kg	0,42 €
5 kg Spargel	je kg	6,40 €
8 kg Erbsen	je kg	1,38 €

a) Wie teuer ist die gesamte Gemüsemischung?
b) Wie teuer ist 1 kg der Mischung?
c) Welches Gewicht hat die gesamte Gemüsemischung?
d) Wie viel Beutel mit 500 g Inhalt lassen sich füllen?

11 Für einen Herbstblumenstrauß werden verschiedene Blumen verwendet.
Es stehen zur Verfügung:
25 Dahlien je 0,65 €, 15 Astern je 0,60 €, 15 Chrysanthemen je 0,40 €,
25 Sonnenblumen je 1,40 €. Die Gräser und das Grün kosten insgesamt 2,60 €.
Jeder Strauß soll 8 Blüten enthalten.

Wie teuer ist jeder Strauß im Durchschnitt?

12 1 kg Teemischung soll für 14,00 € verkauft werden.
Sorte A kostet 1,22 € je 100 g, Sorte B kostet 1,48 € je 100 g.

Wie viel Tee wird von jeder Sorte verwendet?

- Zinsen sind eine Leihgebühr für Kapital.
- Zinsen erhält man für Guthaben z. B. bei der Bank usw.
- Zinsen sind zu bezahlen z. B. für Kredite, Raten, „überzogenes" Konto usw.
- Zinsrechnung ist Prozentrechnung unter Berücksichtigung von Zeit.
- Wer wirtschaftlich handeln will, muss in der Lage sein, Zinsen zu vergleichen.

Beispiel

7 000,00 € werden für 1 Jahr für die Anschaffung einer Kücheneinrichtung geliehen. Dafür sind Zinsen in Höhe von 8 % zu bezahlen.

Bei der Zinsrechnung werden 4 Begriffe verwendet:

in der Zinsrechnung	in der Prozentrechnung (s. S. 62)
Zinssatz (= Zinsfuß) p z. B. 8 % gibt an, wie viel Zinsen für 7 000,00 € Kapital in 1 Jahr gezahlt werden müssen	Prozentsatz
Kapital K z. B. 7 000,00 € ist der Betrag, der verzinst werden soll = 100 %	Grundwert = 100 %
Zeit t ist die Zeitspanne, für die das Kapital ausgeliehen wird und verzinst werden muss	-----
Zinsen Z sind die Vergütung für das geliehene Kapital	Prozentwert

Merke

- Zinsen werden grundsätzlich für 1 Jahr berechnet.
- Wenn die Zeit kürzer ist, werden die Zinsen weniger,
- wenn die Zeit länger ist, werden die Zinsen mehr.
- Das Zinsjahr hat 365 Tage.
- Ein Zinsmonat hat immer 30 Tage.
- Zinsrechnungen werden wie Prozentrechnungen gerechnet – der 4. Begriff ist die Zeit.
- 3 Begriffe müssen gegeben sein, damit der 4. berechnet werden kann.
- Euro-Cent-Beträge des Kapitals werden nicht berücksichtigt.

Beispiel

Berechnung von Jahreszinsen

Julia hat auf dem Sparbuch 2 000,00 € **(= Kapital)**. Sie hat 4 % Zinsen **(Zinssatz)** vereinbart. Im ganzen Jahr hat sich am Konto nichts verändert. (Das Kapital war die ganze **Zeit** gleich.) Wie viel **Zinsen** bekommt sie?

Gegeben:	Kapital	2 000,00 €
	Zinssatz	4 %
	Zeit in Jahren	1 Jahr

Gesucht: Zinsen

$$\text{Formel für Jahreszinsen} = \frac{\text{Kapital} \cdot \text{Zinssatz} \cdot \text{Jahre}}{100}$$

Lösungsweg über Dreisatz (s. S. 46)

100 % ≙ 2 000,00 €
1 % ≙ 2 000,00 € : 100 =
4 % ≙ 2 000,00 € : 100 · 4 = 80,00 € für 1 Jahr

Lösung auf dem Bruchstrich: $\frac{2\,000{,}00 \cdot 4 \cdot 1}{100} = 80{,}00\ €$

Julia erhält Zinsen in Höhe von 80,00 €.

Beispiel

Berechnung von Monatszinsen

Julia leiht ihrer Freundin für 8 Monate 800,00 €. Sie verlangt 7 % Zinsen.
Wie viel € Zinsen hat sie zu bezahlen?

Gegeben:	Kapital	800,00 €
	Zinssatz	7 %
	Zeit	8 Monate

Gesucht: Zinsen

$$\text{Formel für Monatszinsen} = \frac{\text{Kapital} \cdot \text{Zinssatz} \cdot \text{Monate}}{100 \cdot 12}$$

Lösungsweg über Dreisatz (s. S. 46)

$100\,\% \;\hat{=}\; 800{,}00\,€$

$1\,\% \;\hat{=}\; 800{,}00\,€ : 100 =$

$7\,\% \;\hat{=}\; 800{,}00\,€ : 100 \cdot 7 = 56{,}00\,€$

Berücksichtigung der Zeit: 12 Monate $\hat{=}$ 56,00 €
8 Monate $\hat{=}$ x

$$x = \frac{56 \cdot 8}{12} = 37{,}333\,€ \approx 37{,}33\,€$$

oder auf dem Bruchstrich: $\frac{800{,}00 \cdot 7 \cdot 8}{100 \cdot 12} = 37{,}333\,€ \approx 37{,}33\,€$

Die Freundin muss 37,33 € bezahlen.

Aufgaben

1 Berechne, wie viel € Zinsen zu zahlen sind:

	a)	b)	c)	d)
Kapital €	1 200,00	1 575,00	1 832,00	820,00
Zinssatz %	5	7	8,5	9
Zeit in Monaten	3	9	$4\frac{1}{2}$	11

2 Familie Schneider nimmt für den Kauf eines Autos einen Kredit von 6 500,00 € für 1 Jahr auf.
Das Geld ist mit 11 % zu verzinsen.
Wie hoch sind die monatlichen Kosten?

Aufgaben

3 Ein Darlehen über 20 000,00 € ist mit 9 % zu verzinsen.
Wie viel € beträgt der Jahreszins?

4 Wie hoch ist der Jahreszins bei einem Zinssatz von 8 %, 9,5 %, 12 %?

Kapital €
a) 8 % bei einem Kapital von 7 500,00 €
b) 9,5 % bei einem Kapital von 12 300,00 €
c) 12 % bei einem Kapital von 950,00 €

5 Auf dem Sparbuch sind 9 500,00 €.
Der Zinssatz beträgt 1,5 %.
Wie viel € werden als Zinsen nach 1 Jahr gutgeschrieben?

6 Ein Schuldner hat noch eine Restschuld von 5 275,00 € zu begleichen.
Wie viel € Schulden sind nach 1 Jahr angefallen, wenn die Zinsen 11 % betragen?

7 Zur Hausrenovierung wurde ein Darlehen von 50 000,00 € aufgenommen, das mit 5,5 % verzinst werden muss.
Wie viel € betragen die jährlichen Zinsen?

8 Familie Berger nimmt ein Darlehen in Höhe von 85 000,00 € für den Kauf eines Reihenhauses auf. Das Geld ist mit 5 % zu verzinsen.
a) Wie hoch ist der monatliche Aufwand für die Zinsen?
b) Der Zins wird um $\frac{1}{2}$ % erhöht. Wie hoch ist nun die monatliche Belastung?

9 Wie viel Zinsen bringt Kapital von 11 500,00 € bei einem Zinssatz von 3,5 % in 9 Monaten?

10 Du hast 4 Monate 550,00 € ausgeliehen und bekommst dafür 7 % Zinsen.
Wie hoch ist die Summe, die du zurückerhältst?

11 Du hast eine Waschmaschine für 1 100,00 € gekauft und vereinbart, dass du sie erst in 3 Monaten bezahlen musst.
Dafür berechnet die Firma 6,5 % Zinsen.
Wie viel musst du für die Waschmaschine bezahlen?

12 Der Pächter einer Kantine schuldet einem Lieferanten 6 400,00 €. Er muss für die 4 Monate Verzugszinsen in Höhe von $8\frac{3}{4}$ % bezahlen.

Welchen Betrag muss er nach 4 Monaten überweisen?

„Erst sparen, dann kaufen"?

- Ratenkauf ermöglicht es, Waren erst nach dem Erwerb „abzuzahlen".
- Waren können gekauft werden, auch wenn das erforderliche Geld noch nicht vorhanden ist.
- Ratenkauf ist meist teurer als Barkauf.
- Ratenkauf verlockt zu unüberlegten oder nicht „notwendigen" Käufen.
- Vor- und Nachteile des Ratenkaufs sollten gründlich überlegt werden.

Beispiel

Beim Kauf einer Waschmaschine wird folgendes Angebot gemacht:

405,00 € bei Sofortzahlung abzüglich 3 % Skonto

oder 100,00 € Anzahlung und 6 Raten je 60,35 €.

a) Wie viel kostet die Waschmaschine bei Sofortzahlung?
b) Wie viel kostet die Waschmaschine bei Ratenzahlung?
c) Wie viel € beträgt die Ersparnis?
d) Wie viel % betragen die Mehrkosten?

Lösung

a) Barzahlung

405,00 € − 12,15 € (3 %) = 392,85 €

b) Ratenzahlung

Anzahlung 100,00 €

6 · 60,35 € = 362,10 €

462,10 €

− 392,85 €

c) Ersparnis bei Barzahlung = 69,25 €

d) Mehrkosten bei Ratenzahlung in Prozent

462,10 € ≙ 100 %

69,25 € ≙ x

$$x = \frac{69{,}25\ € \cdot 100\ \%}{462{,}10\ €} = 14{,}985\ \% \approx 14{,}99\ \%$$

Aufgaben

1 Beim Kauf einer Nähmaschine kannst du wählen zwischen Barzahlung 933,00 € und Ratenzahlung in 10 Monatsraten zu je 107,50 €.

a) Ermittle den Preisunterschied in €.
b) Berechne die Mehrkosten in %.

Aufgaben

2 Ein Fernsehgerät wird für 511,00 € angeboten.
Bei Zahlung in 12 Raten müssen je Monat 47,00 € gezahlt werden.
a) Wie hoch ist der Gesamtbetrag bei Ratenzahlung?
b) Wie viel % beträgt der Mehrpreis?

3 Eine Anzeige lautet: Sie brauchen schnell Geld – rufen Sie uns an – z. B. 6 000,00 € sofort – Rückzahlung in 24 Monatsraten zu 360,00 €.
a) Wie hoch ist der Betrag, der zurückgezahlt werden muss?
b) Wie viel € müssen zusätzlich zurückgezahlt werden?
c) Wie viel % machen die Mehrkosten aus?

4 Ein Auto wird für 12 782,00 € angeboten.
Bei Barzahlung werden 5 % Rabatt gewährt.
Das zweite Angebot lautet: 7 669,00 € sofort, Rest in 12 Monatsraten zu 470,00 €.
a) Berechne den Kaufpreis bei Barzahlung.
b) Berechne die Mehrkosten bei Ratenkauf.

5 Ein Fahrrad wird für 444,00 € angeboten.
Die Bezahlung kann auch in Raten erfolgen.
Es werden 9 Raten zu 50,00 € gefordert.
a) Berechne den tatsächlichen Preis bei Ratenkauf.
b) Berechne die Mehrkosten in €.
c) Berechne die Mehrkosten in %.

6 Ein Auszubildender leiht sich bei seinem Freund 250,00 €.
Er zahlt in 6 Raten je 42,50 € zurück.
a) Wie viel zahlt er insgesamt zurück?
b) Wie viel % zahlt er mehr zurück?

7 Für geliehenes Geld müssen 8 % Zinsen gezahlt werden.
Wie viel musst du für 3 750,00 € zurückzahlen?

8 Berechne die Mehrkosten in € und Prozent.

	Videogerät	**Kamera**	**Stereoanlage**
Sofortzahlung €	449,50	244,50	508,50
Ratenkauf 12 Raten je €	39,08	21,88	43,38

Stelle zusammen:
a) bei welchen Gegenständen du Ratenkauf für sinnvoll hältst.
b) welche Anschaffungen nicht auf Raten erfolgen sollten.

Lohnabrechnung

Auf die Frage „Wie viel verdienst du?" kann die Antwort unterschiedlich ausfallen.
Die einen nennen den Bruttolohn, die anderen den Nettolohn.

Bruttolohn	–	gesetzliche Abzüge – Lohnsteuer – Kirchensteuer – Solidaritätszuschlag – Sozialversicherungsbeiträge	=	Nettolohn

Nettolohn = ausbezahlter Lohn!

- **Bruttolohn** = vereinbarter Verdienst, einschließlich aller Zulagen und Zuschläge
- **Nettolohn** = Bruttolohn abzüglich aller gesetzlichen Abzüge und sonstiger Abzüge

Gesetzliche Abzüge

- **Lohnsteuer** wird vom Arbeitgeber an das Finanzamt abgeführt
  - Grundlage ist die Lohnsteuerkarte
  - auf der Lohnsteuerkarte sind für den Arbeitgeber wichtige Daten für die Steuerberechnung (z. B. Steuerklasse, Freibeträge) eingetragen
  - Höhe der Lohnsteuer hängt vom Bruttoverdienst und der Steuerklasse ab.

  Es werden 6 Steuerklassen unterschieden:

Steuerklasse I:	Alleinstehende (geschieden, verwitwet) – ohne Kind
Steuerklasse II:	Alleinstehende (wie I) mit mindestens 1 Kind im Haushalt lebend
Steuerklasse III:	Verheiratete – Alleinverdiener (Hauptverdiener)
Steuerklasse IV:	Verheiratete – beide Ehegatten verdienen etwa gleich viel
Steuerklasse V:	Verheiratete – beide Ehegatten verdienen sehr unterschiedlich, der wenig Verdienende hat Steuerklasse V, der viel Verdienende hat Steuerklasse III
Steuerklasse VI:	ab dem zweiten Arbeitsverhältnis

- **Kirchensteuer:** für Mitglieder der Religionsgemeinschaften
  Steuersatz beträgt je nach Bundesland 8 % oder 9 % der Bemessungsgrundlage (s. Tabelle)
- **Solidaritätszuschlag:** 5,5 % der Bemessungsgrundlage (s. Tabelle) werden einbehalten (soweit Freigrenzen überschritten werden)

- **Sozialversicherungsbeiträge teilen sich je zur Hälfte der Arbeitnehmer und der Arbeitgeber (Krankenversicherung, Rentenversicherung, Arbeitslosenversicherung, Pflegeversicherung):**

  Die gesamten Beiträge führt der Arbeitgeber an die Krankenkasse ab, die sie weiterleitet. Alle Sozialversicherungsbeiträge werden vom Bruttolohn berechnet.

  Die Sätze ändern sich jeweils und sind von Kasse zu Kasse unterschiedlich. Es gelten im Allgemeinen folgende Sätze:

– Krankenversicherung (unterschiedlich je nach Krankenkasse)	12,0 bis 15,5 %
– Rentenversicherung	19,5 %
– Arbeitslosenversicherung	6,5 %
– Pflegeversicherung (außer Sachsen)	1,7 %

Beispiel

Auszüge aus einer Monatssteuertabelle

Monat gültig ab 1.1.2004 aT3

Lohn/ Gehalt in € bis	Steuer-klasse	Lohn-steuer	Steuer-klasse	Lohnsteuer-Bemessungsgrundlage für Kirchensteuer und Solidaritätszuschlag – Freibetrag für … Kinder 0,5	1,0	1,5	2,0	2,5	3,0	3,5	4,0
1 514,99	I, IV	132,41	I	73,25	22,83						
	II	105,25	II	49,16	3,75						
	III		III								
	V	380,50	IV	102,25	73,25	46,66	22,83	1,83			
	VI	408,16									
1 517,99	I, IV	133,25	I	74,08	23,50						
	II	106,08	II	49,91	4,33						
	III		III								
	V	381,66	IV	103,16	74,08	47,41	23,50	2,41			
	VI	409,16									
1 520,99	I, IV	134,16	I	74,83	24,16						
	II	106,91	II	50,66	4,91						
	III		III								
	V	382,66	IV	104,00	74,83	48,08	24,16	3,00			
	VI	410,33									
1 586,99	I, IV	153,75	I	93,16	39,00						
	II	126,00	II	67,41	18,16						
	III		III								
	V	406,33	IV	123,00	93,16	64,75	39,00	16,00			
	VI	434,83									
1 589,99	I, IV	154,66	I	94,00	39,66						
	II	126,83	II	68,16	18,83						
	III		III								
	V	407,50	IV	123,83	94,00	65,50	39,66	16,66			
	VI	435,83									
1 592,99	I, IV	155,58	I	94,83	40,41						
	II	127,75	II	69,00	19,41						
	III		III								
	V	408,66	IV	124,75	94,83	66,25	40,41	17,25			
	VI	437,16									
1 796,99	I, IV	209,83	I	145,91	85,83	33,00					
	II	180,58	II	118,41	60,66	12,83					
	III	12,66	III								
	V	486,00	IV	177,41	145,91	115,41	85,83	58,00	33,00	10,75	
	VI	516,33									
1 799,99	I, IV	210,66	I	146,75	86,50	33,58					
	II	181,41	II	119,16	61,33	13,33					
	III	13,00	III								
	V	487,16	IV	178,25	146,75	116,16	86,50	58,66	33,58	11,25	
	VI	517,50									
1 904,99	I, IV	239,58	I	174,00	112,16	55,16	8,50				
	II	209,58	II	145,66	85,58	32,75					
	III	27,50	III								
	V	529,00	IV	206,33	174,00	142,66	112,16	82,75	55,16	30,41	8,50
	VI	560,50									
1 907,99	I, IV	240,41	I	174,75	112,91	55,83	9,00				
	II	210,41	II	146,50	86,25	33,33					
	III	27,83	III								
	V	530,33	IV	207,08	174,75	143,41	112,91	83,41	55,83	31,00	9,00
	VI	561,83									
2 045,99	I, IV	279,50	I	211,75	147,75	87,50	34,33				
	II	248,50	II	182,41	120,16	62,16	14,00				
	III	48,16	III	5,83							
	V	587,66	IV	245,16	211,75	179,25	147,75	117,16	87,50	59,58	34,33
	VI	620,50									
2 048,99	I, IV	280,33	I	212,58	148,50	88,25	34,91				
	II	249,33	II	183,25	120,91	62,63	14,58				
	III	48,66	III	6,33							
	V	589,00	IV	246,00	212,58	180,08	148,50	117,91	88,25	60,16	34,91
	VI	621,83									
2 051,99	I, IV	281,16	I	213,33	149,25	88,91	35,50				
	II	250,16	II	184,08	121,66	63,50	15,08				
	III	49,16	III	6,66							
	V	590,16	IV	246,83	213,33	180,83	149,25	118,66	88,91	60,83	35,50
	VI	623,16									
2 249,99	I, IV	339,41	I	268,58	201,41	138,00	78,41	27,00			
	II	307,08	II	237,91	172,41	110,66	53,91	7,50			
	III	87,33	III	40,33							
	V	676,75	IV	303,58	268,58	234,58	201,41	169,25	138,00	107,75	78,41
	VI	711,25									
2 252,99	I, IV	340,33	I	269,41	202,25	138,83	79,16	27,58			
	II	307,91	II	238,75	173,25	111,41	54,58	8,00			
	III	87,83	III	40,83							
	V	678,08	IV	304,41	269,41	235,41	202,25	170,08	138,83	108,50	79,16
	VI	712,58									
2 255,99	I, IV	341,25	I	270,25	203,08	139,58	79,83	28,16			
	II	308,83	II	239,58	174,00	112,18	55,16	8,50			
	III	88,50	III	41,50							
	V	679,41	IV	305,33	270,25	236,25	203,08	170,83	139,58	109,25	79,83
	VI	713,91									
2 258,99	I, IV	342,16	I	271,16	203,83	140,33	80,58	28,75			
	II	309,75	II	240,41	174,75	112,91	55,83	9,00			
	III	89,16	III	42,00	0,33						
	V	680,75	IV	306,16	271,16	237,08	203,83	171,66	140,33	110,00	80,58
	VI	715,25									
2 438,99	I, IV	397,41	I	323,58	253,58	187,25	124,66	66,25	17,25		
	II	363,66	II	291,58	223,25	158,58	97,66	42,75			
	III	127,00	III	75,83	30,16						
	V	761,75	IV	360,00	323,58	288,08	253,58	219,91	187,25	155,50	124,66
	VI	796,25									
2 441,99	I, IV	398,33	I	324,50	254,41	188,00	125,41	66,91	17,25		
	II	364,58	II	292,50	224,08	159,33	98,41	43,41			
	III	127,66	III	76,33	30,66						
	V	763,08	IV	360,91	324,50	289,00	254,51	220,75	188,00	156,25	125,41
	VI	797,58									

Beispiel

Auszüge aus einer Monatssteuertabelle

Monat gültig ab 1.1.2004 aT3

Lohn/ Gehalt in € bis	Steuer-klasse	**Lohn-steuer**	Steuer-klasse	Lohnsteuer-Bemessungsgrundlage für Kirchensteuer und Solidaritätszuschlag – Freibetrag für … Kinder							
				0,5	**1,0**	1,5	**2,0**	2,5	**3,0**	3,5	**4,0**
2 444,99	I, IV	**399,25**	I	325,41	255,25	188,83	126,16	67,58	18,33		
	II	**365,50**	II	293,33	224,83	160,16	99,16	44,00			
	III	**128,33**	III	77,00	31,16						
	V	**764,50**	IV	361,83	325,41	289,83	255,25	221,58	188,83	157,00	126,16
	VI	**799,00**									
2 447,99	I, IV	**400,25**	I	326,25	256,08	189,66	126,91	68,25	18,83		
	II	**366,41**	II	294,25	225,66	160,91	99,91	44,66	0,25		
	III	**129,00**	III	77,50	31,66						
	V	**765,83**	IV	362,75	326,25	290,75	256,08	222,41	189,66	157,83	126,91
	VI	**800,33**									
2 546,99	I, IV	**431,50**	I	356,08	284,33	216,33	152,08	91,58	37,75		
	II	**398,00**	II	323,33	253,25	187,00	124,41	66,00	17,08		
	III	**151,16**	III	97,50	49,33	6,83					
	V	**810,33**	IV	393,33	356,08	319,75	284,33	249,91	216,33	183,75	152,08
	VI	**844,83**									
2 549,99	I, IV	**432,50**	I	357,00	285,25	217,16	152,91	92,33	38,33		
	II	**397,08**	II	324,16	254,08	187,75	125,16	66,66	17,58		
	III	**151,83**	III	98,16	50,00	7,33					
	V	**811,75**	IV	394,25	357,00	320,66	285,25	250,75	217,16	184,58	152,91
	VI	**846,25**									
2 552,99	I, IV	**433,41**	I	357,91	286,08	218,00	153,66	93,08	38,91		
	II	**399,00**	II	325,08	255,00	188,58	125,91	67,33	18,16		
	III	**152,50**	III	98,66	50,50	7,83					
	V	**813,08**	IV	395,25	357,91	321,50	286,08	251,58	218,00	185,33	153,66
	VI	**847,58**									
2 555,99	I, IV	**434,41**	I	358,83	287,00	218,83	154,41	93,75	39,50		
	II	**399,91**	II	326,00	255,83	189,33	126,66	68,00	18,66		
	III	**153,16**	III	99,33	51,00	8,33					
	V	**814,41**	IV	396,16	358,83	322,41	287,00	252,41	218,83	186,16	154,41
	VI	**848,91**									
4 271,99	I, IV	**1 077,66**	I	975,50	877,16	782,58	691,66	604,58	521,16	441,50	365,50
	II	**1 031,16**	II	930,75	834,08	741,16	652,00	566,50	484,83	406,83	332,58
	III	**633,83**	III	563,16	494,33	427,50	362,50	299,33	238,00	178,50	122,33
	V	**1 586,58**	IV	1 026,08	975,50	925,91	877,16	829,41	782,58	736,66	691,66
	VI	**1 621,08**									
4 274,99	I, IV	**1 078,91**	I	976,75	878,41	783,75	692,83	605,58	522,16	442,41	366,41
	II	**1 032,41**	II	932,00	835,25	742,33	653,08	567,58	485,75	407,75	333,41
	III	**634,66**	III	564,00	495,16	428,33	363,16	300,00	238,66	179,33	123,00
	V	**1 588,00**	IV	1 027,41	976,75	927,08	878,41	830,58	783,75	737,83	692,83
	VI	**1 622,50**									
4 277,99	I, IV	**1 080,16**	I	978,00	879,58	784,91	693,91	606,66	523,16	443,41	367,41
	II	**1 033,75**	II	933,25	836,50	743,41	654,16	568,58	486,75	408,66	334,33
	III	**635,50**	III	564,83	496,00	429,16	364,00	300,83	239,50	180,00	123,66
	V	**1 589,33**	IV	1 028,66	978,00	928,33	879,58	831,75	784,91	738,91	693,91
	VI	**1 623,83**									
4 280,99	I, IV	**1 081,50**	I	979,25	880,75	786,00	695,00	607,75	524,16	444,33	368,33
	II	**1 035,00**	II	934,41	837,66	744,58	655,25	569,66	487,75	409,66	335,25
	III	**636,50**	III	565,66	496,83	430,00	364,33	301,50	240,16	180,66	124,33
	V	**1 590,66**	IV	1 029,91	979,25	929,58	880,75	832,91	786,00	740,08	695,00
	VI	**1 625,16**									
4 283,99	I, IV	**1 082,75**	I	980,50	882,00	787,16	696,08	608,75	525,16	445,33	369,25
	II	**1 036,25**	II	935,66	838,83	745,66	656,33	570,66	488,75	410,58	336,16
	III	**637,33**	III	566,66	497,66	430,66	365,66	302,33	241,00	181,50	125,00
	V	**1 592,00**	IV	1 031,16	980,50	930,75	882,00	834,08	787,16	741,16	696,08
	VI	**1 626,50**									
5 741,99	I, IV	**1 735,83**	I	1 626,91	1 518,08	1 409,16	1 300,25	1 191,50	1 085,33	983,00	884,41
	II	**1 686,83**	II	1 577,91	1 469,00	1 360,08	1 251,16	1 143,25	1 038,83	938,08	841,16
	III	**1 103,00**	III	1 021,00	940,83	862,66	786,33	711,83	639,15	568,33	499,50
	V	**2 248,08**	IV	1 681,41	1 626,91	1 572,50	1 518,08	1 463,58	1 409,16	1 354,66	1 300,25
	VI	**2 282,58**									
5 744,99	I, IV	**1 737,16**	I	1 628,33	1 519,41	1 410,50	1 301,58	1 192,83	1 086,66	984,25	885,58
	II	**1 688,16**	II	1 579,25	1 470,33	1 361,41	1 252,58	1 144,50	1 040,08	939,33	842,33
	III	**1 104,00**	III	1 022,00	941,83	863,66	787,16	712,66	640,00	569,16	500,33
	V	**2 249,50**	IV	1 682,75	1 628,33	1 573,83	1 519,41	1 464,91	1 410,50	1 356,08	1 301,58
	VI	**2 284,00**									
5 747,99	I, IV	**1 738,58**	I	1 629,66	1 520,75	1 411,83	1 302,91	1 194,16	1 087,91	985,50	886,75
	II	**1 689,50**	II	1 580,58	1 471,66	1 362,83	1 253,91	1 145,83	1 041,33	940,58	843,50
	III	**1 105,00**	III	1 023,00	942,83	864,50	788,16	713,50	640,83	570,00	501,16
	V	**2 250,83**	IV	1 684,08	1 629,66	1 575,16	1 520,75	1 466,33	1 411,83	1 357,41	1 302,91
	VI	**2 285,33**									
5 750,99	I, IV	**1 739,91**	I	1 631,00	1 522,08	1 413,16	1 304,33	1 195,50	1 089,25	986,75	888,00
	II	**1 690,83**	II	1 581,91	1 473,08	1 364,16	1 255,25	1 147,16	1 042,58	941,83	844,75
	III	**1 106,16**	III	1 024,00	943,83	865,50	789,00	714,50	641,83	571,00	502,00
	V	**2 252,16**	IV	1 685,41	1 631,00	1 576,58	1 522,08	1 467,66	1 413,16	1 358,75	1 304,33
	VI	**2 286,66**									
5 753,99	I, IV	**1 741,25**	I	1 632,33	1 523,41	1 414,58	1 305,66	1 196,83	1 090,50	988,00	889,16
	II	**1 692,16**	II	1 583,33	1 474,41	1 365,50	1 256,58	1 148,50	1 043,91	943,00	845,91
	III	**1 107,16**	III	1 025,00	944,83	866,50	790,00	715,33	642,66	571,83	502,83
	V	**2 253,50**	IV	1 686,83	1 632,33	1 577,91	1 523,41	1 469,00	1 414,58	1 360,08	1 305,55
	VI	**2 288,00**									
5 756,99	I, IV	**1 742,58**	I	1 633,66	1 524,83	1 415,91	1 307,00	1 198,16	1 091,83	989,25	890,41
	II	**1 693,58**	II	1 584,66	1 475,75	1 366,83	1 257,91	1 149,83	1 045,16	944,25	847,08
	III	**1 108,16**	III	1 026,00	945,83	867,50	791,00	716,33	643,50	572,66	503,66
	V	**2 254,83**	IV	1 688,16	1 633,66	1 579,25	1 524,83	1 470,33	1 415,91	1 361,41	1 307,00
	VI	**2 289,33**									
5 759,99	I, IV	**1 743,91**	I	1 635,08	1 526,16	1 417,25	1 308,33	1 199,50	1 093,16	990,50	891,58
	II	**1 694,91**	II	1 586,00	1 477,08	1 368,16	1 259,33	1 151,16	1 046,41	945,50	848,25
	III	**1 109,16**	III	1 027,00	946,83	868,33	791,83	717,16	644,50	573,50	504,50
	V	**2 256,25**	IV	1 689,50	1 635,08	1 580,58	1 526,16	1 471,66	1 417,25	1 362,83	1 308,33
	VI	**2 290,75**									

Aufgaben

1 Du bist alleinstehend – ohne Kind.
Welche Steuerklasse trifft auf dich zu?

2 Ehegatten sind beide berufstätig und haben 2 Kinder.
Welche Steuerklassenwahl haben sie und wovon ist sie abhängig?

3 Doris verdient 1 590,00 €. Sie hat Steuerklasse I.
Wie viel Lohnsteuer muss sie monatlich zahlen?

3 Stelle anhand der Sozialversicherungssätze fest, wie hoch die Monatsbeträge für die einzelnen Versicherungen sind:

a) Monatslohn 1 560,00 €
b) Monatslohn 980,00 €
c) Monatslohn 1 680,00 €
d) Monatslohn 2 760,00 €

5 Beate erhält netto 1 627,00 €.
Wie hoch ist ihr Bruttoverdienst, wenn die Abzüge rund 33 % betragen?

6 Ein Angestellter ist verheiratet und hat 2 Kinder. Seine Frau ist nicht berufstätig.
Er verdient 2 555,00 €.
Wie viel Lohnsteuer muss er bezahlen?

7 Horst verdient brutto 2 050,00 €. Er hat Steuerklasse III.
Wie hoch ist seine Lohnsteuer?

8 Eine Küchenhilfe erhält brutto 1 798,00 €.
Wie hoch sind ihre Sozialversicherungsbeiträge?

9 Eine Mitarbeiterin erhält brutto 2 443,00 €. Sie ist alleinstehend – ohne Kind.

a) Wie hoch ist ihre Lohnsteuer?
b) Wie hoch sind ihre Sozialversicherungsbeiträge?

Lohnabrechnung

Bei unseren Berechnungen gehen wir von folgenden Sätzen aus:

	gesamt	Arbeitgeber (AG)	Arbeitnehmer (AN)
	%	%	%
Krankenversicherung	12–15,5 ≈13	6,5	6,5
Rentenversicherung	19,5	9,75	9,75
Arbeitslosenversicherung	6,5	3,25	3,25
Pflegeversicherung	1,7	0,85	0,85

Beispiel

Berechnungsbeispiele:

a) AN – verheiratet – 2 Kinder
b) Angestellter – verheiratet – 1 Kind

a) Bruttoarbeitslohn:			2 250,00 €
– LSt (Lohnsteuer) (StKl III)		87,83 €	
– KiSt (Kirchensteuer) (8 % aus Bemessungsgrundlage)		0 €	
– Soli (Solidaritätszuschlag) (5,5 % aus Bemessungsgrundlage)		0 €	
– Sozialversicherung:			
– Krankenversicherung	6,5 % aus Bruttolohn	146,25 €	
– Rentenversicherung	9,75 % aus Bruttolohn	219,38 €	
– Arbeitslosenversicherung	3,25 % aus Bruttolohn	73,13 €	
– Pflegeversicherung	0,85 % aus Bruttolohn	19,13 €	
		545,72 €	545,72 €
			1704,28 €

a) Bruttoarbeitslohn:			2 550,00 €
– LSt (Lohnsteuer) (StKl III)		153,83 €	
– KiSt (Kirchensteuer) (8 % aus Bemessungsgrundlage)		0 €	
– Soli (Solidaritätszuschlag) (5,5 % aus Bemessungsgrundlage)		0 €	
– Sozialversicherung:			
– Krankenversicherung	6,5 % aus Bruttolohn	165,75 €	
– Rentenversicherung	9,75 % aus Bruttolohn	248,63 €	
– Arbeitslosenversicherung	3,25 % aus Bruttolohn	82,88 €	
– Pflegeversicherung	0,85 % aus Bruttolohn	21,68 €	
		672,10 €	672,10 €
			1 877,90 €

b) Bruttogehalt:			4 280,00 €
– LSt (Lohnsteuer) (StKl III)		636,50 €	
– KiSt (Kirchensteuer) (8 % aus Bemessungsgrundlage – 1 Kind)		39,75 €	
– Soli (Solidaritätszuschlag) (5,5 % aus Bemessungsgrundlage)		27,33 €	
– Sozialversicherung:			
– Krankenversicherung	6 % aus Bruttogehalt	278,20 €	
– Rentenversicherung	9,75 % aus Bruttogehalt	417,30 €	
– Arbeitslosenversicherung	3,25 % aus Bruttogehalt	139,10 €	
– Pflegeversicherung	0,85 % aus Bruttogehalt	36,38 €	
		1 574,56 €	1 574,56 €
			2 705,44 €

b) Bruttogehalt:			5 750,00 €
– LSt (Lohnsteuer) (StKl III)		1 108,16 €	
– KiSt (Kirchensteuer) (8 % aus Bemessungsgrundlage – 1 Kind)		75,67 €	
– Soli (Solidaritätszuschlag) (5,5 % aus Bemessungsgrundlage)		52,02 €	
– Sozialversicherung:			
– Krankenversicherung	6 % aus Bruttogehalt	373,75 €	
– Rentenversicherung	9,75 % aus Bruttogehalt	560,63 €	
– Arbeitslosenversicherung	3,25 % aus Bruttogehalt	186,88 €	
– Pflegeversicherung	0,85 % aus Bruttogehalt	48,88 €	
		2 405,99 €	2 405,99 €
			3 344,01 €

Kosten-/Mengenberechnung bei Rezepten

Beispiel

Für Rührteig verwendet man	250 g Margarine	– je kg	1,95 €
	250 g Zucker	– je kg	0,85 €
	500 g Mehl	– je kg	0,82 €
	3 Eier	– je	0,15 € und
	1 Päckchen Vanillinzucker zu		0,15 €.

Berechne die Kosten für das Rezept.

Lösungsweg 1

- **Beachte: Rechne immer mit gleichen Größen (z. B. kg oder g).**
- Den Gesamtpreis für jede einzelne Ware erhält man, wenn die Menge mit dem Einzelpreis multipliziert (malgenommen) wird (s. S. 75).
- Die Gesamtkosten erhält man durch Addieren (Zusammenzählen) der einzelnen Gesamtpreise.

Menge	Bezeichnung	Einzelpreis	Gesamtpreis
0,250 kg	Margarine	1,95 €/kg	0,49 €
0,250 kg	Zucker	0,85 €/kg	0,21 €
0,500 kg	Mehl	0,82 €/kg	0,41 €
3	Eier	0,15 €/Stück	0,45 €
1 Päckchen	Vanillinzucker	0,15 €/Stück	0,15 €
$\frac{1}{2}$ Päckchen	Backpulver	0,20 €/Stück	0,10 €
Gesamtkosten:			1,81 €

Lösungsweg 2

- Erst dividieren (teilen) – dann multiplizieren (malnehmen)!

1 kg (1 000 g) Margarine kostet	1,95 €	
1 g Margarine kostet	1,95 € : 1000 =	
250 g Margarine kosten		· 250 = 0,487 € ≈ 0,49 €

Lösung auf dem Bruchstrich:

$$\frac{1{,}95 \cdot 250}{1\,000} = 0{,}487\ € \approx 0{,}49\ €$$

Antwort: 250 g Margarine kosten 0,49 €.

Rechne die €-Beträge für jede Zutat einzeln aus und addiere.

Aufgaben

1 Die Zutaten für Gulaschsuppe für 4 Personen sind:
300 g Rindfleisch, 4 Zwiebeln, 2 EL Öl, Gewürze, 3 EL Tomatenmark, 1 *l* Brühe, 8 EL Rahm.

Berechne die Zutatenmenge für:

a) 3 Personen, b) 6 Personen und c) 7 Personen.

2 Pichelsteiner Eintopf soll für 20 Personen bereitet werden. Die Zutatenangaben für 4 Personen sind: 1 Zwiebel, 1 kg verschiedene Gemüse, 500 g Kartoffeln, 400 g Rind- und Schweinefleisch, 20 g Fett, $\frac{3}{4}$ *l* heiße Brühe, Gewürze.

Welche Mengen werden für 20 Personen benötigt?

3 Aus einem Apfelschlupfkuchen werden 12 Stücke geschnitten.
Die Zutaten dafür sind: 750 g Äpfel, 150 g Margarine, 150 g Zucker, 3 Eier, $\frac{1}{2}$ Zitrone, 250 g Mehl, 2 TL Backpulver, 4 EL Milch.

Es werden:
a) 16 Stücke, b) 20 Stücke, c) 34 Stücke und d) 50 Stücke
benötigt.

Wie viele Kuchen werden jeweils benötigt?
Welche Zutatenmengen werden dazu jeweils benötigt?

4 Das Grundrezept für Windbeutel ergibt 14 Stück.
Die Zutaten dafür sind: 150 g Mehl, $\frac{1}{4}$ *l* Wasser, 50 g Margarine, 4 Eier, 1 Msp. Backpulver.
Zur Füllung: 2 Becher Sahne (je 200 g), 2 Päckchen Vanillezucker (1 P. ≙ 12 g).

Welche Mengen sind erforderlich für:
a) 16 Windbeutel, b) 20 Windbeutel,
c) 25 Windbeutel und d) 34 Windbeutel?

5 Aus einem Kastenkuchen, Länge 28 cm, kann man 20 Stücke schneiden.
Wie viele Kuchen muss man backen, wenn 35 Stücke benötigt werden?

6 Aus einer Biskuitrolle kann man 18 Stücke schneiden.

Wie viele Biskuitrollen muss man backen, wenn man
a) 14 Stücke,
b) 28 Stücke und
c) 20 Stücke
braucht?

Kosten-/Mengenberechnung bei Rezepten

Aufgaben (Preisangaben auf S. 95)

1 Für eine Biskuittorte benötigt man:
6 Eier, 300 g Zucker, 300 g Mehl.

a) Wie teuer ist der Tortenboden?
b) Welche Mengen werden für 3 Tortenböden benötigt?
c) Wie hoch sind die Kosten für 3 Tortenböden?

2 Für Nusskuchenteig braucht man:
250 g Margarine, 300 g Zucker, 6 Eier, 300 g geriebene Haselnüsse, 300 g Mehl, 1 Päckchen Backpulver, 1 Päckchen Vanillinzucker.

a) Wie hoch sind die Kosten?
b) Es wird nur die halbe Menge gebraucht.
Wie hoch sind die Mengen und die Kosten der einzelnen Zutaten, und wie teuer ist die halbe Menge?
c) Der Preis für die 500 g ganze Haselnüsse beträgt 2,35 €.
Wie hoch sind die jeweiligen Kosten, wenn die Nüsse selbst gerieben werden?

3 Für den Fleischteig für Fleischküchlein für 4 Personen benötigt man:
375 g Hackfleisch, 1 Semmel, 1 Ei, Zwiebeln und Gewürze für 0,10 €.

a) Wie hoch sind die Kosten?
b) Wie viel der einzelnen Zutaten werden für 6 Personen gebraucht?
c) Wie teuer sind die einzelnen Zutaten für 6 Personen?

4 Für Pfannkuchen für 4 Personen werden benötigt:
250 g Mehl, 3 Eier, $\frac{1}{4}$ *l* Milch, Ausbackfett für 0,25 €.

a) Wie hoch sind die Kosten für 4 Personen?
b) Welche Mengen und welcher Preis sind für 3 Personen zu veranschlagen?

5 Semmelauflauf für 6 Personen wird zubereitet aus:
8 Semmeln, 125 g Zucker, 60 g Margarine, 6 Eiern, 1 *l* Milch, 1 Päckchen Vanillinzucker, 125 g Rosinen.

a) Wie teuer ist die Menge? b) Wie teuer ist 1 Portion? c) Wie teuer sind 5 Portionen?

6 Für Kartoffelbrei aus Kartoffeln braucht man für 4 Personen 750 g Kartoffeln, $\frac{1}{4}$ *l* Milch, 20 g Butter, 5 g Salz.
Für Kartoffelbrei aus Pulver benötigt man Kartoffelbreipulver für 0,80 €, $\frac{1}{4}$ *l* Milch, 5 g Salz.

Vergleiche die Preise.

Hinweise

Preisangaben – als Angabe zur Lösung der Aufgaben der Vorseite

Rosinen, 1 kg	4,40 €
Mehl, 1 kg	0,82 €
Zucker, 1 kg	0,85 €
Margarine, 250 g	0,49 €
Butter, 250 g	1,28 €
Backpulver, 5 Päckchen	0,60 €
Vanillinzucker, 6 Päckchen	0,90 €
Milch, 1 *l*	0,60 €
Haselnüsse, gemahlen, 250 g	1,40 €
Eier, 1 Stück	0,15 €
Kartoffeln, 1 kg	0,49 €
Hackfleisch, 500 g	2,20 €
Semmeln, 5 Stück	1,25 €

Umrechnung von Rezepten

- **In den Kochbüchern und Rezeptangaben sind die Mengen für eine bestimmte Personenzahl angegeben.**
- **Diese Zahlen entsprechen oft nicht unseren Bedürfnissen (z. B. der Personenzahl unseres Haushaltes).**
- **Wir müssen umrechnen.**
- **Dies geschieht mit Dreisatzberechnung (s. S. 46).**

Beispiel

Rezept Hefenudeln für 4 Personen: 500 g Mehl, 50 g Zucker, 25 g Hefe, 2 Eier, 30 g Margarine.

Errechne die Mengen für ein Rezept für 6 Personen.

Lösungsweg

Für 4 Personen	500 g Mehl
Für 1 Person	500 g : 4 =
Für 6 Personen	500 g : 4 · 6 = 750 g Mehl

- **Erst dividieren (teilen) – dann multiplizieren (malnehmen)!**

Auf dem Bruchstrich: $\frac{500\text{ g} \cdot 6}{4} = 750\text{ g}$

Rechne die einzelnen Mengen entsprechend aus.

Kostenvergleich: Kleinpackung – Großpackung

- Bei vielen Artikeln des täglichen Bedarfs lohnt sich der Vergleich der Kosten von Kleinpackung und Großpackung.
- Viele Hersteller versuchen, mit verschieden großen Verpackungseinheiten dem unterschiedlichen Verbrauch gerecht zu werden.
- Sehr oft bringt bei großem Bedarf die Großpackung Vorteile.
- Bei geringem Bedarf vermeidet die Kleinpackung Verluste.
- Bei Einkauf von großen Mengen sind außer dem Verbrauch auch das Haltbarkeitsdatum und die Lagermöglichkeit zu beachten.
- Zum Vergleich immer einheitliche Vergleichsgrößen bilden (z. B. kg, g usw.).
- Die Berechnung geschieht durch Dreisatz (s. S. 46).

Beispiel

Mehl kostet im 500-g-Paket 0,42 €, im 2,5-kg-Beutel 1,80 €. Du kaufst 5 kg ein.
Wie viel beträgt der Unterschied?

Lösung

500-g-Paket:

$500\text{ g} \mathrel{\widehat{=}} 0{,}42\text{ €}$

$1\text{ g} \mathrel{\widehat{=}} 0{,}42\text{ €} : 500$

$5\,000\text{ g} \mathrel{\widehat{=}} 0{,}42\text{ €} : 500 \cdot 5\,000$

$= \dfrac{0{,}42 \cdot 5\,000}{500} = 4{,}20\text{ €} \rightarrow 4{,}20\text{ €}$

2,5-kg-Beutel:

$2\,500\text{ g} \mathrel{\widehat{=}} 1{,}80\text{ €}$

$1\text{ g} \mathrel{\widehat{=}} 1{,}80\text{ €} : 2\,500$

$5\,000\text{ g} \mathrel{\widehat{=}} 1{,}80\text{ €} : 2\,500 \cdot 5\,000$

$= \dfrac{1{,}80 \cdot 5\,000}{2\,500} = 3{,}60\text{ €} \rightarrow 3{,}60\text{ €}$

Ersparnis: **0,60 €**

Antwort: 5 kg aus dem 2,5-kg-Beutel kosten 0,60 € weniger als 5 kg aus 500-g-Paketen.

Aufgaben

1 Mehl kostet im 500-g-Paket 0,40 €, in der 1-kg-Tüte 0,75 €, im 2,5-kg-Beutel 1,80 €, im 10-kg-Beutel 7,00 €.

a) Berechne den Preis für 2,5 kg bei jeder Angebotsform.
b) Wie viel kann bei dem billigsten Angebot gespart werden?

Aufgaben

2 200 Eier im Karton kosten 22,50 €,
30 Eier in der Schachtel kosten 3,68 €,
10 Eier in der Packung kosten 1,28 €.

a) Wie viel kostet jeweils 1 Ei?
b) Wie viel kosten 400 Eier in der jeweiligen Angebotsform?
c) Wie viel beträgt der Unterschied bei 400 Eiern zwischen der teuersten und der billigsten Angebotsform?

3 150 g gemahlene Nüsse kosten 0,85 €, 1 000 g gemahlene Nüsse kosten 5,50 €,
200 g ungemahlene Nüsse kosten 2,50 €.

a) Wie teuer sind jeweils 2 kg?
b) Wie viel ist beim Verbrauch von 2 kg gemahlenen Nüssen zu sparen?

4 Spülmaschinenreiniger wird in der Tragepackung mit 5 kg zu 8,75 €,
im Nachfüllpack mit 3 kg zu 5,00 € angeboten.

a) Wie teuer ist jeweils 1 kg?
b) Wie viel ist bei 5 kg im Nachfüllpack zu sparen?

5 8 Hähnchenunterschenkel je 125 g kosten in der TK-Packung 5,99 €,
roh kosten 750 g 5,27 €.

a) Wie viel kostet jeweils 1 Hähnchenschenkel?
b) Wie groß ist der Preisunterschied zwischen dem teureren und dem preiswerten Angebot?

6 Spaghetti kosten im 5-kg-Beutel 4,26 €,
in der 250-g-Packung 0,60 €.

a) Wie teuer sind 7,5 kg in jeder Angebotsform?
b) Errechne den Preisunterschied bei 1 kg.

7 Familie Schreiber verbraucht monatlich im Durchschnitt 600 g Waschpulver.
Es steht die Trommel mit 10 kg zu 13,90 €, die Packung mit 5 kg zu 7,10 € und die Packung mit 1,5 kg zu 2,40 € zur Verfügung.

a) Berechne den Jahresverbrauch.
b) Berechne die Kosten für das Waschpulver bei jeder Angebotsform.
c) Wie viel € können im Jahr gespart werden, wenn die preiswerteste Packung gekauft wird?

- In jedem Haushalt wird elektrische Energie gebraucht.
- Der Verbrauch elektrischer Energie wird auch „elektrische Arbeit“ genannt.
- Die benötigte Energie wird uns bereit gestellt:
  - Strom (Elektroversorgungsunternehmen [EVU])
  - Gas (Stadtwerke)
  - Wasser (Stadtwerke/Wasserwerke).
- Der Verbrauch wird jedem Haushalt in Rechnung gestellt.
- Einsparung von Energie dient der Umwelt und fördert den Umweltschutz.

Merke

Strom

- In Europa ist die elektrische Spannung (230 V~) in den Haushalten:

  – **230 V~ für Elektrokleingeräte mit weniger als 3 500 Watt (z. B. Leuchten)**

  und

  – **400 V~ für Großgeräte (z. B. Herde).**

- Die Tarife der verschiedenen Elektroversorgungsunternehmen sind unterschiedlich (Privatunternehmen).
- Der Preis für verbrauchte Energie (elektrische Arbeit) setzt sich aus verschiedenen Einzelfaktoren zusammen (z. B. Arbeitspreis, Leistungspreis, Kohlepfennig, Umsatzsteuer).
- Wir haben es mit folgenden Einheiten zu tun:

– Spannung [U]	**in Volt (V)**
– Strom (Stromstärke) [I]	**in Ampère (A)**
– elektrische Leistung [P]	**in Watt (W) oder in Kilowatt (kW) (1 000 W = 1 kW)**
– elektrische Energie (Arbeit)	**in Watt-Stunden (Wh) oder in Kilowatt-Stunden (kWh)**

Merke

- Die elektrische Energie (Arbeit), die wir im Haushalt nutzen, wird nach folgender Formel berechnet:

kWh (verbrauchte Energie)	=	kW (elektrische Leistung)	•	h (Einsatzdauer der Geräte)

- Die elektrische Energie (Arbeit) kostet 0,18 € pro kWh (€/kWh) (Arbeitspreis)

Energiekosten (€)	=	elektrische Leistung (kW)	•	Zeit (h)	•	Arbeitspreis (0,18 €)
		kWh (verbrauchte Energie)				

Beispiel

In einem Betrieb ist der Staubsauger täglich etwa $1\frac{1}{2}$ Stunden in Betrieb. Er hat eine Leistung von 1 300 W.

Wie hoch sind die Kosten des Energieverbrauchs?

Lösungsweg

Energiekosten	=	5,27 kW (1 300 W)	•	1,5 TK-Std.	•	0,18 €
		(kW)		**(h)**		**(€/kWh)**
Kosten	=	1,950 kWh			•	0,18 €
Kosten	=	0,35 €				

Die verbrauchte Energie kostet täglich 0,35 €.

Hinweis

- **Jedes Elektrogerät muss heute mit einem Typenschild versehen sein, auf dem wichtige Angaben enthalten sein müssen:**

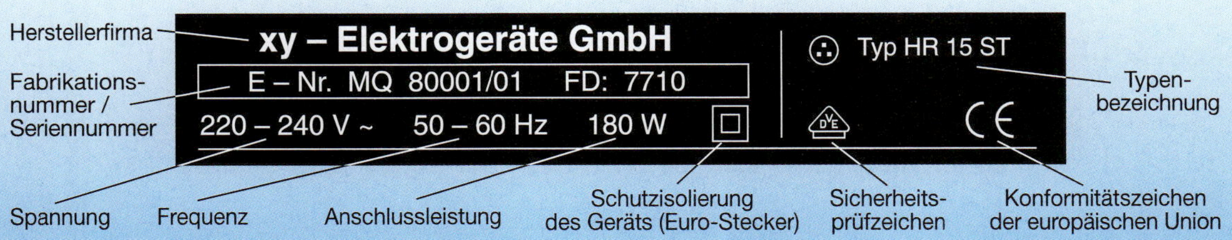

Gesamtanschlusswert

- **Eine Sicherung schaltet ab, wenn zu viele Geräte eingeschaltet sind und der elektrische Strom zu groß wird. (Der Volksmund sagt: Die Sicherung „brennt durch".)**
- **Elektro-Großgeräte erhalten immer einen gesondert abgesicherten Stromkreis (z. B. Herd).**

Merke

Mit einer Formel kann berechnet werden, wie hoch die Leistung abgesichert werden muss.

Leistung [P] in Watt (W)	=	Spannung [U] in Volt (V)	•	Stromstärke [I] in Ampère (A)	**P = U • I (W = V • A)**

Umrechnungen:

$P = U \cdot I$ $I = \frac{P}{U}$ $U = \frac{P}{I}$

Beispiel

Bei Familie Berger schaltet beim Bügeln mit der Bügelmaschine nach 10 Minuten die Sicherung ab. Es ist eine 10 A-Sicherung eingebaut, die Spannung beträgt 230 V~.

Woran liegt das? (Die Bügelmaschine hat 2 000 W, das Flurlicht 2 × 100 W. In der Küche sind 2 Glühlampen mit je 100 W eingeschaltet.)

Lösung

Bügelmaschine		2 000 W
Flurlicht	2 · 100 W	200 W
Küchenlicht	2 · 100 W	200 W
		2 400 W

Vorhanden sind maximal 10 A.

Entnommen wird:

$$\text{Stromstärke [I]} = \frac{2\,400\text{ W (Leistung [P])}}{230\text{ V (Spannung [U])}} = 10{,}43\text{ A} \quad \left(I = \frac{P}{U}\right)$$

Die 10 A-Sicherung ist mit dem Strom von 10,43 A nach etwa 10 Minuten überlastet und schaltet ab.

Aufgaben

1 Auf einer Stromabrechnung sind folgende Angaben:

Zählerstand neu 4 225 kWh
Zählerstand alt 3 675 kWh

a) Wie hoch war der Verbrauch an elektrischer Arbeit im Abrechnungszeitraum?
b) Was kostet a)? (Der Arbeitspreis wird hier mit 0,18 €/kWh angesetzt.)

2 Der Wäschetrockner hat eine Leistungsaufnahme von 3,4 kW. Er ist eine Stunde in Betrieb. Berechne die elektrische Arbeit in kWh.

3 Ein Bügeleisen hat eine Leistung von 1 200 W. Es ist 30 Minuten in Betrieb.
a) Wie viel elektrische Arbeit wird gebraucht?
b) Wie hoch sind die Energiekosten bei einem Arbeitspreis von 0,18 €/kWh?

4 Eine Waschmaschine hat eine Leistung von 2 300 W. Sie ist 90 Minuten in Betrieb.
c) Wie viel elektrische Arbeit wird verbraucht?
d) Wie hoch sind die Energiekosten bei einem Arbeitspreis von 0,30 €/kWh?

5 Eine Glühlampe hat 100 W elektrische Leistung.
Wie lange kann sie leuchten, bis 1 kWh verbraucht sind?

6 Wie viel kW sind:

a) 1 800 W   b) 3 200 W   c) 180 W   d) 60 W   e) 2 000 W

7 Im Speisesaal leuchten 12 Glühlampen:
8 Glühlampen zu je 75 W, 2 Glühlampen zu je 100 W und 2 Glühlampen zu je 60 W.

a) Welche Energiemenge verbrauchen sie in 1 Stunde?
b) Welche Energiemenge verbrauchen sie, wenn sie an 30 Tagen täglich 3 Stunden eingeschaltet sind?
c) Wie hoch sind die Energiekosten, wenn 1 kWh 0,18 € kostet?

8 Ein Handrührgerät hat eine Leistung von 230 W.
Wie lange kann damit gearbeitet werden, bis 1 kWh verbraucht ist?

9 Die Ausschaltung einer Leuchte mit einer Glühlampe mit 100 Watt wird vergessen.
Sie leuchtet in der Nacht genau 10 Stunden.
a) Welche Energiemenge wurde vergeudet?
b) Welche Energiekosten fielen bei einem Arbeitspreis von 0,20 €/kWh an?

10 Es gibt Energiesparlampen. Bei gleicher Lichtausbeute verbrauchen sie 11 W anstelle der alten 60-Watt-Glühlampe. In einer Wohnung werden 6 Glühlampen mit 60 Watt gegen 6 Stück Energiesparlampen mit 11 Watt ausgetauscht.

a) Wie viel Strom wird im Jahr (365 Tage) gespart, wenn die Lampen täglich 4 Stunden brennen?
b) Wie viel Energiekosten werden eingespart, wenn 1 kWh mit 0,20 € berechnet wird?

Aufgaben

11 Wir vergleichen die Energiekosten verschiedener Gefriertruhen:
Die Produktinformation gibt unter anderem Auskunft über Fassungsvermögen und den Energieverbrauch des Gerätes.
Die Geräte sind je nach Energieverbrauch in die Stufen A bis G eingeteilt (siehe Abbildung rechts unten – Energieverbrauchskennzeichnung).

Kostenvergleich verschiedener Gefriertruhen

Gerät (290 *l* Inhalt)	Neupreis in €	Norm-Strom-Verbrauch	Strom-kosten pro Jahr in €	Gesamt-kosten bei 13 Jahren Lebens-dauer
A	473,00	0,55 kWh/Tag	16,00	685,00
B	445,00	0,80 kWh/Tag	24,00	757,00
C	302,00	1,25 kWh/Tag	37,00	892,00

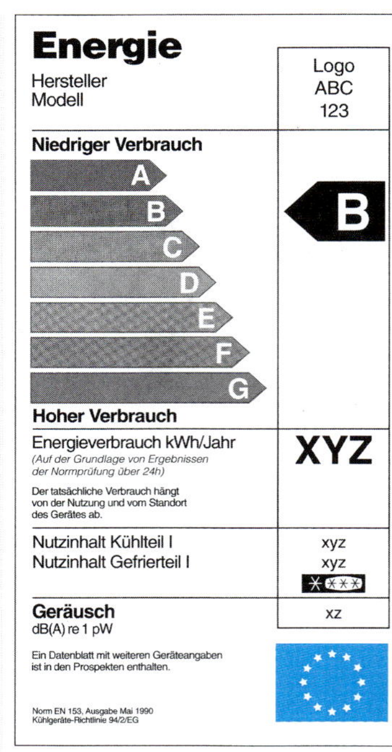

Beachte die Bilder und berechne:

a) Um wie viel ist der Neupreis des Gerätes in der Stufe A höher als der Neupreis des Gerätes der Stufe C?
b) Um wie viel ist der tägliche Norm-Energieverbrauch des Gerätes der Stufe A niedriger als der der Stufe C?
c) Um wie viel ist der monatliche Norm-Energieverbrauch des Gerätes der Stufe A niedriger als der der Stufe C?
d) Um wie viel ist der jährliche Norm-Energieverbrauch des Gerätes der Stufe A niedriger als der der Stufe C?
e) Um wie viel sind die Gesamtkosten bei 13 Jahren Lebensdauer in Stufe A niedriger als in Stufe C?
f) Wie viel wird bei Stufe A in 5 Jahren gespart?
g) Wie viel wird bei Stufe A in 8 Jahren gespart?
h) Wie viel wird bei Stufe A in 10 Jahren gespart?

12 Eine Kochplatte hat eine Anschlussleistung von 800 Watt.
Was kostet 1 Betriebsstunde bei einem Arbeitspreis von 0,20 €/kWh?

13 In einem Abstellraum blieb eine 100-W-Glühlampe über das Wochenende eingeschaltet (Freitag 18 Uhr bis Montag 8 Uhr).

a) Wie viel Stunden leuchtete die Lampe?
b) Welche Energiemenge wurde verbraucht (kWh)?
c) Welche Energiekosten fielen an (0,18 €/kWh Arbeitspreis)?

Wasserverbrauch – Wasserkosten

- **Sparsamer Wasserverbrauch dient der Umwelt und fördert den Umweltschutz.**
- **Der Wasserverbrauch wird in m^3 gemessen und berechnet.**
  (Für diese Berechnungen legen wir einen Arbeitspreis für Trinkwasser einschließlich Abwasser von 2,05 €/m^3 zugrunde.)
- **Täglicher Wasserverbrauch im Haushalt:** →

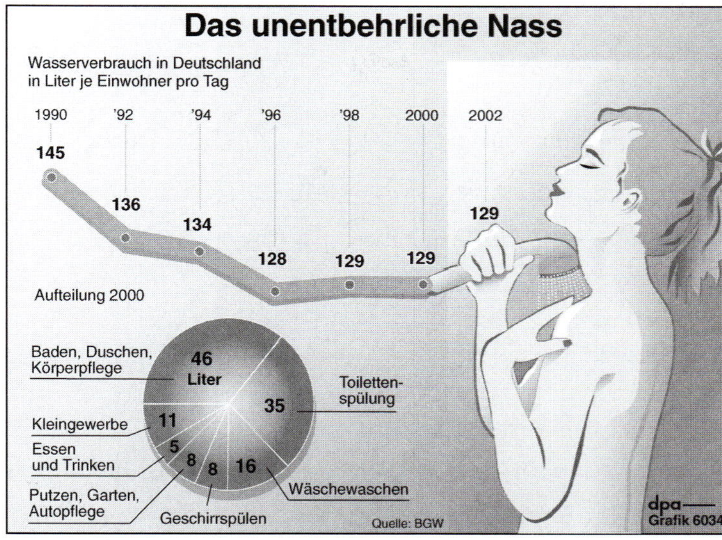

- **Der tägliche Wasserverbrauch in Deutschland beträgt pro Kopf der Bevölkerung ca. 129 *l*.**

Beispiel

Für Kochen und Trinken sind ca. 5 *l* Wasser täglich erforderlich.

Ermittle, wie viel % des täglichen Wasserverbrauchs dies sind.

Lösung

129 *l* Wasser	≙	100 %
5 *l* Wasser	≙	x

$$x = \frac{100 \cdot 5}{129} = 3{,}87597\ \% \approx 3{,}88\ \%$$

Der Anteil für Kochen und Trinken beträgt 3,88 % des täglichen Gesamtwasserverbrauchs.

Aufgaben

1 Ermittle anhand der Grafik den täglichen Wasserverbrauch in Prozenten für:

a) Toilettenspülung
b) Duschen, Baden, Körperpflege
c) Waschmaschine
d) Geschirrspüler
e) Putzen
f) Sonstiges

2 Wie viel Liter beträgt der Wasserverbrauch für die einzelnen Gebiete im Monat?

3 Wie viel Liter beträgt der Wasserverbrauch für die einzelnen Gebiete im Jahr?

4 Durch großzügigen Umgang stieg der Wasserverbrauch in der Großküche täglich um 2 m^3. Die Kosten je m^3 einschließlich Abwasser werden mit 2,15 € veranschlagt.

a) Welche Wassermenge wird im Jahr (365 Tage) verschwendet?
b) Wie hoch sind die Mehrkosten im Monat (30 Tage)?
c) Wie hoch sind die Mehrkosten im Jahr?

5 Das Spülbecken hat eine Größe von 70 x 60 cm. Es wird 35 cm hoch mit Wasser gefüllt.

a) Wie viel Liter Wasser werden je Spülgang gebraucht, wenn zum Nachspülen die gleiche Menge gerechnet wird?
b) Wie oft kann man spülen, bis 1 m^3 verbraucht ist?
c) Wie hoch ist der Wasserpreis je Spülgang (Arbeitspreis 2,46 €/m^3)?

6 Ein Schwimmbad hat die Beckengröße von 4 m x 8 m. Es soll in einer Höhe von 1,60 m mit Wasser gefüllt werden.

a) Wie viel Wasser wird für eine Füllung gebraucht?
b) Wie teuer ist eine Füllung, wenn für 1 m^3 2,50 € gerechnet werden?

7 Eine Waschmaschine braucht für einen Waschgang 55 *l* Wasser.

a) Wie teuer ist das Wasser für einen Waschgang (Arbeitspreis 2,45 €/m^3)?
b) Wie oft kann man waschen, bis 1 m^3 verbraucht ist?
c) Ein anderes Modell wäscht mit 42 *l*. Wie viel *l* Wasser kann dabei gespart werden, wenn pro Woche 5 Waschgänge gemacht werden?
d) Wie viel € werden mit der sparsameren Maschine im Jahr gespart?

Einnahmen und Ausgaben im Haushalt

- Wer richtig haushalten will, muss planen und rechnen.
- Wir dürfen nicht mehr verbrauchen, als wir einnehmen.
- Einnahmen und Ausgaben müssen für einen längeren Zeitraum überschaubar sein.
- Geplante und tatsächliche Ausgaben müssen verglichen und kontrolliert werden.

Merke

	Einnahmen sind	Ausgaben teilen sich in
Haushaltsplan	– Nettoverdienst – sonstige Einnahmen (z. B. Nebenverdienst, Mieteinnahmen)	– feste Ausgaben – Haushaltsausgaben (= Verbrauchsausgaben) – Rücklagen

Beispiel

- **Feste Ausgaben** sind z. B.:
  - Miete, Kosten für eigenes Haus (Zinsen, Tilgung)
  - Durchschnittsausgaben für Strom, Wasser, Heizung
  - Durchschnittsausgaben für Telefon
  - Fahrgelder (z. B. Wochen- oder Monatskarten)
  - Autounterhalt (einschließlich Steuer, Versicherung, Garage usw.)
  - Regelmäßige Ausbildungs- oder Fortbildungskosten
  - Beiträge (z. B. Vereine, Parteien)
  - Ausgaben für Zeitungen, Lesezirkel usw.
  - Gebühren für Radio, Fernsehen usw.
  - Kreditraten
- **Haushaltsausgaben** (= Verbrauchsausgaben) sind z. B.:
  - Ernährung (auch Kantinenessen, Essen im Gasthaus usw.)
  - Genussmittel (z. B. Kaffee, Tee, alkoholische Getränke, Tabakwaren, soweit nicht vom Taschengeld zu bezahlen)
  - Körper- und Gesundheitspflege (auch Ausgaben für Babypflegemittel, Schwimmbad, Sauna usw.)
  - Kosmetik (soweit nicht vom Taschengeld zu bezahlen)
  - Kleidung, Schuhe (einschließlich Reparaturen)
  - Porto, Geschenke, Geburtstag, Namenstag usw.
  - Spenden (z. B. DRK, Innere Mission, Caritas)
  - Taschengeld
  - Pflege und Unterhalt von Haustieren
  - Arzneien und Arztkosten (soweit nicht von der Krankenkasse getragen)
  - Kindergarten, Schulbedarf, Kosten für Bedarf der Kinder (soweit nicht als feste Kosten)
  - Wasch- und Putzmittel, chemische Reinigung, Pflege der Wohnung
  - Reparaturen im Haushalt
  - Haushaltsergänzungen (Nachkauf)

Beispiel

- **Rücklagen**, z. B. für:
  - größere Haushaltsgeräte
  - Möbel und Einrichtung
  - Urlaub
  - Eigenheim
  - Autokauf
  - Ausbildung
  - Aussteuer der Kinder
  - Beiträge für Lebensversicherung
  - Feste Sparbeträge

Merke

- **Voraussichtliche Ausgaben richten sich nach:**
  - der Anzahl der Haushaltsmitglieder
    (hauptsächlich Bedarf an Lebensmitteln und Dingen des täglichen Lebens)
  - der Höhe des Einkommens
    (je höher das Einkommen, um so mehr steht für Ausgaben zur Verfügung)
  - nach den individuellen Bedürfnissen
    (z. B. Freizeitgestaltung, Auto, Wohnung). Sie werden bestimmt durch die soziale Stellung, die Umweltbedingungen und die persönlichen Neigungen.

Hinweise

Ausgabenplanung

- Geplante Ausgaben auf ihre Wichtigkeit hin überprüfen und dann erst anschaffen.
- Ausgaben, die in größeren Abständen anfallen, mit monatlichen Teilbeträgen als Rücklage berücksichtigen.
- Es kann festgelegt werden, dass
  - ein Großteil der festen Ausgaben mit Dauerauftrag oder Lastschrifteneinzug vom Konto abgebucht wird,
  - alle festen Sparbeträge von der Sparkasse vom Lohn- oder Gehaltskonto durch Dauerauftrag abgebucht werden.

Beispiel

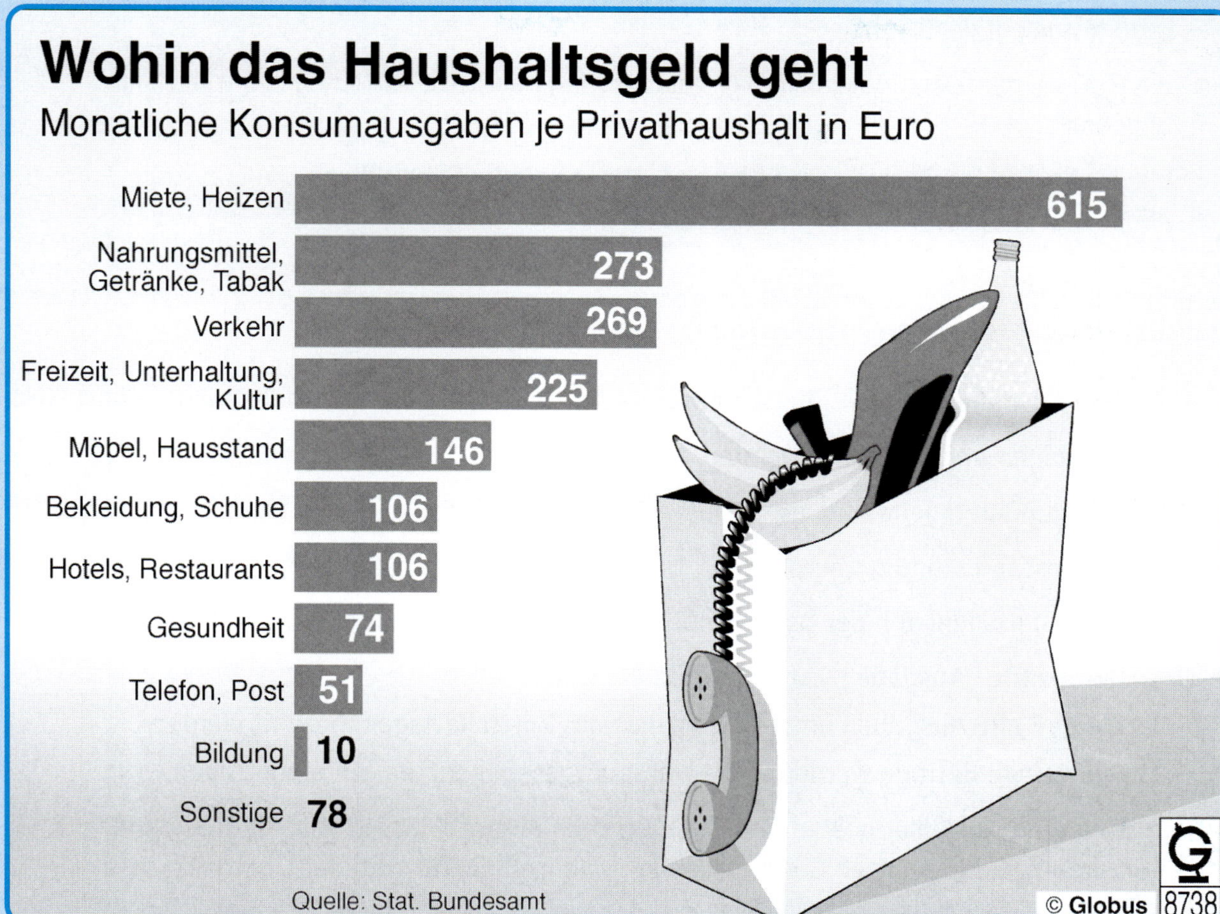

Aufgaben

1 Berechne, wie viel Prozent des Gesamtkonsumaufwandes für die einzelnen Verbrauchsausgaben verwendet werden.

2 Berechne, wohin das Geld rollt, wenn ein Arbeitnehmerhaushalt folgende Beträge zur Verfügung hat:

a) 1 790,00 € b) 1 943,00 €

c) 2 230,00 € d) 2 380,00 €

3 Berechne, wohin das Geld rollt, wenn der Arbeitnehmer von den Einkommensbeträgen in Aufgabe 2 3 % weniger zur Verfügung hat.

4 Bei welchen Ausgaben kann nach deiner Meinung eingespart werden?
Wie viel € macht dies bei den Einkommensbeträgen in Aufgabe 2 aus, wenn diese Ausgaben halbiert werden?

Hinweise

Es kann festgelegt werden, dass:

- ein Großteil der festen Ausgaben mit Dauerauftrag oder Lastschrifteneinzug vom Konto abgebucht wird,
- alle festen Sparbeträge von der Sparkasse vom Lohn oder Gehalt durch Dauerauftrag abgebucht werden.

Haushaltsbuch – (stark vereinfachte Form)

Einnahmen/Ausgaben werden überschaubar, wenn regelmäßig ein Haushaltsbuch geführt wird.

- **Alle Einnahmen und Ausgaben werden dort eingetragen.**
- **Die Eintragungen regelmäßig, am besten täglich vornehmen.**
- **Den Kassenstand ständig überprüfen.**
- **Wird Wirtschaftsgeld von der Bank geholt, ist dies eine Einnahme bei „Kasse".**
- **Das Hauptkonto „Ausgaben" ist unterteilt.**
  - **Es werden alle Ausgaben eingetragen, die vom Wirtschaftsgeld bezahlt werden.**
  - **Die einzelnen Beträge werden in die dafür vorgesehenen Spalten eingetragen.**
- **Je genauer die Ausgabenposten im Haushaltsbuch aufgeschlüsselt sind (z. B. Bildung, Unterhaltung, Genussmittel, Geschenke, usw.), um so leichter wird der Überblick.**
- **Aus den Aufzeichnungen können Folgerungen gezogen werden:**
  - **Welche Ausgaben waren nicht nötig?**
  - **Worauf kann ich zukünftig verzichten?**
  - **Wofür muss ich mehr Geld einplanen?**

Beispiel

In ein Haushaltsbuch sind folgende Ein- und Ausnahmen einzutragen und zum Abschluss zu bringen:

01.09.	Rest vom Vormonat	65,40 €
	Wirtschaftsgeld September	540,00 €
03.09	Einkauf Nahrungsmittel	65,85 €
	Körperpflegemittel	11,90 €
04.09.	Reinigungsmittel	19,35 €
07.09.	Getränke	16,55 €
	Briefmarken	6,00 €
	Fernsehzeitschrift	1,40 €
10.09.	Fahrkarte	9,60 €
	Schreibmaterial	5,25 €
12.09.	Tiergarten	7,50 €
15.09.	Lebensmittelgroßeinkauf	77,15 €

Beispiel

Haushalts-Einnahmen/Ausgaben für Monat September 2004

Gegenstand / Tag	1. Rest August	1. Wirtschaftsgeld	3. Einkauf	4. Einkauf	7. Einkauf	7. Briefmarken 7. Zeitschrift	10. Fahrkarte 10. Schreibmaterial	12. Tiergarten	15. Einkauf	GESAMT
Rücklagen										
Sonstiges										
Versicherungen/Bausparen										
Kredit/Darlehen										
Radio/Fernsehen										
Autokosten										
Telefon										
Strom/Wasser/Heizung										
Miete										
Bildung/Unterhaltung						1,40	5,25	7,50		14,15
Spenden/Geschenke										
Post/Verkehr						6,00	9,60			15,60
Kleidung/Schuhe										
Ersatzanschaffungen für Haushalt										
Putz- und Reinigungsmittel				19,35						19,35
Arzneimittel										
Kosmetik und Körperpflege			11,90							11,90
Nahrungs- und Genussmittel			65,85		16,55				77,15	159,55
Geld: Ausgabe			77,75	19,35	16,55	7,40	14,85	7,50	77,15	220,55
Geld: Einnahme	65,40	540,00								605,40

Aufgaben

1 Unterteile ein DIN-A-4-Blatt nach dem Beispiel. Trage ein:

01.10.	Rest vom Vormonat	23,75 €
	Wirtschaftsgeld Oktober	485,00 €
02.10.	Einkauf Ernährung	29,85 €
	Körperpflegeartikel	7,95 €
	Reinigungsmittel	6,55 €
06.10.	Reinigung	4,40 €
	Getränke	13,30 €
	Briefmarken	7,70 €
	Fernsehzeitschrift	1,40 €
07.10.	Fahrkarte	6,40 €
	Schreibmaterial	3,85 €
	Eintritt Tiergarten	2,55 €

2 Schließe das Haushaltsbuch für diese Woche ab.

3 Verwende einen karierten Doppelbogen. Übertrage die Einteilung des Musters des Haushaltsbuches und trage ein:

03.10.	Kleid	118,00 €
04.10.	Telefon	35,50 €
07.10.	Großeinkauf Lebensmittel	116,95 €
07.10.	Körperpflege	16,70 €
15.10.	Arzneimittel (privat versichert)	44,60 €
17.10.	Friseur	27,35 €
17.10.	Buskarte	2,15 €
20.10.	Ersatzteile Küchenmaschine	16,80 €
	Strümpfe	6,55 €
23.10.	Roman (Taschenbuch)	7,75 €
26.10.	Zeitschrift	3,50 €
28.10.	Wochenendeinkauf Lebensmittel	50,50 €
	Körperpflege	6,50 €
	Genussmittel	11,40 €

4 Schließe das Haushaltsbuch ab.

5 Gliedere entsprechend auf: Flasche Sekt, Seife, Krimi, Salat, Brot, Kinobesuch, CD, Fernsehzeitung, Zigaretten, Hackfleisch, Lachssteak, Kartoffeln, Flasche Wein, Schreibblock, Kugelschreiber, Handtasche, Diafilm, Mineralwasser, Windeln.

Die Ausgaben sind zu hoch – was tun?

... zuerst das Notwendige	... dann das Nützliche	... zuletzt das Angenehme

Daraus ergibt sich für den Haushaltsplan die Unterteilung:

Notwendige Ausgaben	**Teilweise vermeidbare Ausgaben**	**Vermeidbare Ausgaben**

Aufgaben

6 a) Stelle einen Haushaltsplan für einen Monat auf. Einkommen 1 450,00 € netto.
Gehe dabei von den Prozentsätzen: „Wohin das Haushaltsgeld geht" von S. 105 aus.

b) Welche Ausgaben fallen bei dir nicht an?

c) Wie viel kannst du sparen?

7 Karin verdient 935,00 € netto im Monat. Für ihre Wohnung muss sie monatlich 315,00 € aufbringen. 25 % benötigt sie für Heizung, Strom, Wasser, Reinigungsmittel.

a) Wie viel sind diese 25 %?

b) Wie viel bleibt für die anderen Ausgaben übrig?

8 Trage in das Haushaltsbuch ein:

01.10.	Gehaltsüberweisung Vater	1 650,00 €
01.10.	Gehaltsüberweisung Mutter	935,00 €
01.10.	Mietzahlung	420,00 €
05.10.	Anzug	315,00 €
07.10.	Großeinkauf Lebensmittel	163,50 €
07.10.	Körperpflege	11,50 €
08.10.	Arztrechnung (privat versichert)	110,00 €
10.10.	Stromrechnung	121,90 €
15.10.	Taschenbuch	9,80 €
15.10.	Heizöl	480,85 €
15.10.	Ersatzteil Handrührgerät	8,25 €
16.10.	Kinobesuch mit Essen	50,50 €
17.10.	Nahrungsmittel	60,15 €
19.10.	Medikamente	8,90 €
22.10.	Geschenk	11,30 €
24.10.	Blumen	7,15 €
26.10.	Nahrungsmittel	51,50 €
27.10.	Reinigungsmittel	18,75 €
28.10.	Taschengelder	100,00 €
29.10.	Fahrkarte	33,50 €
29.10.	Post	3,50 €
30.10.	Frisör	45,00 €

9 Schließe das Haushaltsbuch zum 31.10. ab.

10 Gliedere:
Welche Ausgaben der vorherigen Aufstellungen waren notwendig, welche teilweise vermeidbar, welche vermeidbar?

Sachwortverzeichnis

A

Abrunden 15
Abziehen 6
Abzüge, gesetzliche 86
Addieren 4
Ampère 98
Arbeitslosenversicherung 87
Arbeitspreis 98 f.
Aufrunden 15
Ausgaben, feste 105
Ausgabenplanung 106

B

Barzahlung 84
Barzahlungsbetrag 72
Brennwert 50
Brief 60
Bruchrechnen 38 ff.
Brüche 38
–, Addieren und Subtrahieren 41
–, echte 38
–, Erweitern und Kürzen 40
–, gleichnamige 38
–, Multiplizieren und Dividieren 42
–, unechte 38
–, ungleichnamige 39
Brutto 36
Bruttolohn 86

D

Devisen 60
Dezimalzahl (Kommazahl) 1
Differenz 6
Dividend 11
Dividieren 11
Dividieren durch 10 – 100 – 1000 – ... 13
Divisor 11
Dreieck 28
Dreisatz 46
–, mit geradem Verhältnis 46
–, mit ungeradem Verhältnis 47
Durchschnittswerte 74

E

Einnahmen und Ausgaben im Haushalt 105 ff.
Elektrische Arbeit 98
Elektrische Energie 98
Elektrische Spannung 98
Energiegehalt 50
Energiegehalt von Speisen 56
Energiekosten 98 ff.
Energieverbrauch 99
Energiezufuhr 50
EU (Europäische Union) 58
EU-Länder 58
Euro 58 ff.

F

Faktor 8
Flächenmaße 22

G

Geld 60
Gesamtanschlusswert 100
Gesamtenergiebedarf 50
Gesamtkonsumaufwand 107
Grundlagen, allgemeine 1
Grundnährstoffe 51
Grundrechenarten 1, 4 ff.
Grundumsatz 50
Grundwert 64, 70, 80

H

Haushaltsausgaben 105
Haushaltsbuch 108
Haushaltsplan 105, 107, 110
Hohlmaße 34

J

Jahreszinsen 81
Joule 50

K

Kalorie 50
Kapital 80
Kcal 50
Kehrwert 42
Kilojoule 50
Kilokalorie 50
Kilowatt 98
Kirchensteuer 86
KJ 50
Kommazahl (Dezimalzahl) 1
Kosten-/Mengenberechnung bei Rezepten 92 ff.
Kostenvergleich – Kleinpackung – Großpackung 96
Krankenversicherung 87
Kreis 30
KW 99
KWh 99